本书受贵州省自然科学基金"喀斯特地区垃圾填埋场生态型土质覆盖层水-气传导特性及防渗机理研究——黔科合基础［2017］1079"资助研究与编写

生活垃圾填埋场新型土质覆盖层工程应用和现场试验研究

焦卫国　著

U0283634

中国建材工业出版社

图书在版编目（CIP）数据

生活垃圾填埋场新型土质覆盖层工程应用和现场试验研究/焦卫国著. --北京：中国建材工业出版社，2019.8

ISBN 978-7-5160-2607-6

Ⅰ.①生… Ⅱ.①焦… Ⅲ.①城市—垃圾—卫生填埋场—土层—研究 Ⅳ.①X705②TU44

中国版本图书馆 CIP 数据核字（2019）第 147048 号

内容简介

本书收集了我国西北地区近 50 年的气象特征，测试了黄土的持水与导水特性，据此评估了黄土做西北地区封顶覆盖层材料的可行性。依托西安江村沟垃圾填埋场封顶覆盖工程，建设了国内首个土质覆盖层现场试验基地。在试验基地开展了黄土/碎石毛细阻滞覆盖层现场极端降雨试验和自然干湿循环条件下的长期监测，测试了覆盖层中水分和孔压随气象条件的变化规律及水量平衡关系，测定了黄土/碎石覆盖层的最大储水能力，验证了黄土/碎石界面间的毛细阻滞作用，阐明了植被条件对土质覆盖层水力响应的影响规律，针对西北地区气象条件提出了毛细阻滞型黄土覆盖层的设计方法并给出了西北地区建议覆盖层结构。

生活垃圾填埋场新型土质覆盖层工程应用和现场试验研究

Shenghuo Laji Tianmaichang Xinxing Tuzhi Fugaiceng Gongcheng Yingyong he Xianchang Shiyan Yanjiu

焦卫国　著

出版发行：中国建材工业出版社

地　　址：北京市海淀区三里河路 1 号

邮　　编：100044

经　　销：全国各地新华书店

印　　刷：北京鑫正大印刷有限公司

开　　本：787mm×1092mm　1/16

印　　张：8.5

字　　数：160 千字

版　　次：2019 年 8 月第 1 版

印　　次：2019 年 8 月第 1 次

定　　价：**68.00 元**

作者简介

焦卫国，男，1983 年出生，四川宣汉人，汉族。贵州理工学院土木工程学院水利水电系副主任，副教授，国家一级注册市政建造师，国家勘察设计协会三等奖（2011 年）、贵州省第十三次优秀工程勘察一等奖（2010 年）获得者；研究方向为：非饱和土力学与环境土工领域，如城市固体废弃物垃圾填埋场、矿山开采以及尾矿坝强度、稳定、变形控制和环境污染防治。

求学经历如下：

2003/09—2007/07　贵州大学/建筑工程学院/土木工程专业，本科

2007/09—2010/06　贵州大学/建筑工程学院/岩土工程专业，硕士研究生，师从孔思丽、黄质宏教授

2010/09—2015/09　浙江大学/建筑工程学院/岩土工程专业，博士研究生，师从詹良通、陈云敏教授

前　言

　　生活垃圾是指我国居民在日常生活或生产劳动中所产生的废弃物等。当前，我国城市生活垃圾的主要处理方式为填埋、堆肥与焚烧。2000 年我国颁发的《城市生活垃圾处理及污染防治技术政策》指出，在填埋场地、资源和自然条件适宜的城市，应以卫生填埋作为垃圾处理的主要方案；在具备经济、技术、垃圾焚烧热值条件以及缺乏场地的城市可发展焚烧处理技术。

　　目前，我国填埋场多达上千座，众多填埋场面临着封场覆盖治理的问题。封场覆盖层位于填埋场垃圾堆体的最顶层，就像填埋场垃圾堆体表层的"皮肤"。这层人工"皮肤"将垃圾堆体与外界大气等自然环境隔离，其底层下边界经受因垃圾降解导致的不均匀沉降和垃圾降解产生的填埋气渗透；其上边界直接暴露在自然气候条件下的大气环境中，经受反复的干-湿、冷-暖和冻-融交替循环。其作为填埋场封顶覆盖的最后一道屏障和工序，直接影响垃圾堆体状态、周边环境和填埋场的后期管理。目前，我国多采用黏土覆盖层与复合覆盖层。但黏土覆盖层在气候干湿循环作用下易发生开裂失效，复合覆盖层造价较高且土工合成材料产生界面间失稳滑动、拉裂和穿刺问题严重。

　　20 世纪 90 年代，基于水分储存-释放原理的新型土质覆盖层（国内部分学者称之为腾发覆盖层、替代型覆盖层）开始进入研究和工程实践。土质覆盖层目前主要包括单一型和毛细阻滞型两种。单一型土质覆盖层主要由细粒土和植被组成，其工作原理与吸水海绵类似：降雨时细粒土发挥储水作用将自然降雨吸纳存储，非降雨时通过地表蒸发和植物蒸腾释放排空水分而恢复储水能力。通过合理设计能实现水分的动态循环和平衡，从而实现防渗功能。土质覆盖层往往可就地取材，其造价一般低于复合型覆盖层，更重要的是它由天然非胀缩土料组成，具有良好的耐久性。

　　本书重点关注土质覆盖层中"水"的防渗设计问题，即水分在土质覆盖当中的运移和存储规律。实际上这些问题可归结为非饱和土中水的"渗流"问题。众所周知，在人类社会的建设发展过程中，任何一项土木工程的"强度""变形"和"渗流"是传统三大经典问题。这三大经典问题是土木工程从理论设计到生产实践的关键控制抓手，同时也是理论联系实际的关键纽带。对于任何一项我们未知或已知的大型建设项目，这三大问题或单独或交叉耦合隐藏其中。只是在不同的土木工程建设项目中，三大问题以不同的形式展现在土木工程师面前，灾害仅仅是其表现形式。事实上，不仅仅是本书土质覆盖层防渗设计中水的"渗流"问题，岩土工程中的"强度""变形"等力学参数从实验室到现场也存在一定差异，需要进一步认识。然而，目前针对我国地区气候条件，在填埋场现场开展土质覆盖层防渗性能评估工程应用性验证研究还不多见。

　　本书首先介绍了土质覆盖层的防渗原理，总结了国内外研究文献中出现的土质覆盖层的细粒土、粗粒土等土料特性；引用借鉴了北美地区土质覆盖层防渗设计方法，进一步考虑毛细阻滞作用对细粒土储水能力的提高效应，提出了毛细阻滞覆盖层初步厚度设计方法；根据我国各地气候条件，以西北地区非湿润气候条件为案例分析并初步设计了黄土-碎石毛细阻滞覆盖层的结构、土料和厚度。最后，在西安江村沟垃圾填埋场现场建设了 600m² 黄土覆盖层试验基地并在基地开展了极端降雨试验，通过极端降雨试验实测储水能力对土质覆盖层防渗性能进行了检验和评估。这是我国城镇生活垃圾填埋处理领域，土质覆盖层走向工程现场应用的第一次尝试，希望这些研究工作能为我国土质覆盖层防渗性能的设计与评估提供借鉴和基础参考数据。

本书受贵州省自然科学基金"喀斯特地区垃圾填埋场生态型土质覆盖层水-气传导特性及防渗机理研究——黔科合基础［2017］1079"资助研究与编写。尝试以我国广大西北非湿润气候区为研究点而逐步向我国湿润气候区过渡。该研究是对前期工作的总结，以期为西南湿润气候喀斯特地区垃圾填埋场生态型土质覆盖层的研究打下理论基础。最后感谢龙召福、何与鑫、麻天雄、罗豪、龙云墨等同学对本书编写所做的工作。

著　者

2019 年 5 月

目　　录

第1章 绪 论

1.1 城市生活垃圾填埋场介绍

我国城市居民生活固体废弃物（又称生活垃圾）是指在城市大众居民日常生活中或者为城市日常生活提供服务的活动中产生的固体废物以及法律、行政法规规定视为城市生活垃圾的固体废物，主要包括居民生活垃圾、商业垃圾、集贸市场垃圾、街道垃圾、公共场所垃圾、机关、学校、厂矿等单位的垃圾。当前，我国城市生活垃圾的处理方式众多，如垃圾填埋处置、垃圾堆肥与垃圾焚烧等。其中填埋是目前我国城市生活垃圾处理的主要方式，也是当前我国生活垃圾处理使用最普遍的方式（图1.1～图1.3）。

图1.1 我国西南地区某填埋场垃圾填埋作业区高耸如山的垃圾

所谓填埋是选择一定的场所采用一定的工程措施或物理手段，将垃圾压实并逐渐堆填至预定标高，然后采取封场覆盖。通过填埋，使垃圾在堆体内发生生物、物理或化学降解变化，从而达到分解有机物，实现减量化和无害化的目的。从当前情况来看，我国普遍采用卫生填埋法。与堆肥和焚烧等处理方法相比，填埋法是一种通用且易行的垃圾处理方法。其最大特点是处理费用低，方法简单，但容易造成地下水资源的二次污染。焚烧法是将垃圾置于高温炉中，使其中可燃成分充分氧化的一种方法，产生的热量用于

1

图 1.2　我国西南某填埋场垃圾填埋作业区垃圾倾倒现场

图 1.3　我国西北地区某垃圾填埋场全景

发电和供暖。焚烧法优点是减量效果明显（焚烧体积减少可达90%以上，质量减少可达80%以上）。但焚烧厂的建设和生产费用较高。在多数情况下，这些装备所产生的电能价值远远低于运行成本，会给当地政府留下巨额经济负担。此外，焚烧产物具有很高的毒性，产生二次环境危害。堆肥是将生活垃圾堆积成堆，保温至70℃储存、发酵，借助垃圾中微生物分解的能力，将有机物分解成无机养分。经过堆肥处理后，生活垃圾变成卫生无味的腐殖质。既解决垃圾的出路，又可达到再资源化的目的，但生活垃圾堆肥量大，养分含量低，长期使用易造成土壤板结和地下水质变坏。

　　在生活垃圾填埋处理方式中，核心的关键场所即垃圾填埋场。从我国当前的生活垃圾处理流程来看，当一定量的垃圾从人们手中进入垃圾桶后，部分经过分拣会进入垃圾转运站，压缩后运送至垃圾填埋场。在填埋场中垃圾会经历较长时间的降解过程。垃圾进入填埋场后，往往由于库区容量未达到饱和还需进行填埋，此时部分未填埋区域会采用临时覆盖。临时覆盖的目的是封闭垃圾体，减少降雨入渗，防止蚊虫滋生和填埋气肆意扩散。图 1.4 是我国南方某城市垃圾填埋场堆填后临时封场的情况。当一个填埋场库容接近饱和后不能再继续堆填，该填埋场将进行封场覆盖处理，而不再继续堆填垃圾。此后，该填埋场里面的垃圾将逐步降解，因垃圾体里含有大量的有机物，这些有机物在填埋的情况下将发生一系列的生化降解反应，因此部分学者将一个垃圾填埋场比喻为"活坟墓"。从以上这两个过程来看，垃圾进入填埋场后从开始的堆填到最后历经几十年的生化降解直至无害，会一直置身于填埋场。也即，垃圾填埋场是生活垃圾的最终处理场所。

图 1.4　我国西南地区某卫生填埋场垃圾临时封场覆盖技术

由于垃圾填埋场兼具传统土木工程和环境工程两个领域的交叉问题，因而其不仅需要具备一定的工程结构还需要具有一定的防污能力。2009 年，住房城乡建设部、发展改革委批准发布了《生活垃圾卫生填埋处理工程项目建设标准》（建标〔2009〕151号）（简称《标准》）。《标准》由城市建设研究院等单位在原《生活垃圾卫生填埋处理工程项目建设标准》（2001 年）的基础上修订而成。《标准》中规定：根据新建填埋场的日处理垃圾能力（日填埋量）和总体建设（投资）规模，把新建填埋场分为Ⅰ～Ⅳ类。其中，Ⅰ类填埋场总填埋容量（库容）要求大于 1200 万 m³或以上，日处理垃圾量（日填埋量）在 1200t/d 以上；Ⅱ类填埋场总填埋容量（库容）较Ⅰ类填埋场小，日处理垃圾量（日填埋量）为 500 万～1200 万 t。从Ⅰ～Ⅱ～Ⅲ～Ⅳ类的顺序逐渐减小。Ⅳ类最小，填埋场总容量小于 200 万 m³，日处理垃圾量（日填埋量）200t。此外，其对垃圾填埋场的使用时间做了一些规定。如"填埋场的合理使用年限应在 10 年以上，特殊情况下不应低于 8 年"。

其中第十九条、第二十条、第二十一条都做了环保要求方面的规定。如第二十一条明确规定："填埋场应设置独立的雨水及地下水导排系统……，尽量减少雨水侵入垃圾堆体，其排水能力应按照 50 年一遇、100 年校核设计"。根据填埋场主体工程与设备的环境防护能力和环保工程措施（标准），其又可分为如下三个等级：

（1）简易填埋场（Ⅳ级填埋场）。

简易填埋场是我国当前农村村镇普遍采用的最简单的垃圾填埋、堆填处理方式。它只是对垃圾进行土壤覆盖，在预防蚊蝇滋生等方面有一定控制作用，但垃圾腐烂降解产生的渗滤液下渗会对地下水和地表水带来污染。

（2）受控填埋场（Ⅲ级填埋场）。

受控填埋场又称非正规垃圾填埋场。其对垃圾覆盖等方面的要求较简易填埋场稍高，但仍然不能从根本上解决污染问题。

（3）卫生填埋场（Ⅰ、Ⅱ级填埋场）。

卫生填埋场是严格按照国家环保工程技术要求采取隔离措施的垃圾填埋处置场（又称Ⅰ、Ⅱ级填埋场）。与其他两类填埋场相比，卫生填埋场在预防渗滤液泄漏，垃圾降解产生污染物的运移、扩散和治理，垃圾填埋压实和填埋气无组织释放、封顶覆盖等方面完全满足国家相关环境保护标准。因而和前两类填埋场相比，其污染控制技术要求更高。

目前，我国有上千座垃圾填埋场因库容饱和而需要封场治理。一个典型的垃圾填埋场的生命周期分为两个过程：一个是垃圾填埋期；另一个是库容饱和后的封场维护期。封场是两个过程的时间分界点，所谓封场即垃圾填埋达到饱和后不能再填埋，将裸露暴露于大气中的垃圾体采取隔离保护的工程措施。图1.5是一个典型的现代卫生填埋场主体工程与设备结构剖面图。由图中可见，其主体工程结构主要包括垃圾堆体地层（填埋场）底的渗滤液防渗衬垫保护层，场底和垃圾堆体中渗滤液导排收集盲沟、花管，垃圾堆体中填埋气收集回收利用管网，中间临时覆盖层和填埋场垃圾堆体顶部的封场治理封顶覆盖层。这些构造设施等各有其用，将填埋的垃圾堆体因降解而产生的渗滤液和填埋气收集后或处理或利用。如位于填埋场底部的衬垫系统可以防止渗滤液发生深层渗漏污染地下水，而渗滤液收集系统可以收集导排渗滤液以集中处置等。垃圾堆体表层场顶的封顶覆盖层则是在一个填埋场库容达到饱和后，封场治理环节必不可少的工程措施。封顶覆盖层是填埋场封场治理的最后一道环节，其起着覆盖垃圾堆体，防止大量雨水入渗，保证垃圾堆体边坡稳定的同时减少渗滤液等作用。

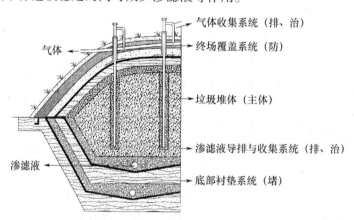

图1.5　典型现代卫生填埋场（封场治理）封顶覆盖后结构剖面

垃圾填埋场从功能构造措施来划分，有垃圾填埋区、垃圾大坝、渗滤液处理区以及污泥堆放区。在垃圾填埋场的逐步堆填过程中，作业面的布置将直接影响库区容量和堆填作业成本，往往会分区填埋。图1.6和图1.7是国内西南某省一个垃圾填埋场的平面布置图。该填埋场分为一期工程、二期工程、二期增容工程和污泥坑。其中，该项目一期工程已基本完成，且已进行场底覆盖；二期工程区域是目前主要的填埋作业区。

图 1.6　西南某省一垃圾填埋场的平面分区和填埋分期布置

图 1.7　西南某省一垃圾填埋场的填埋作业区（左）和污泥处置坑（右）

对于一个填埋场，众多的垃圾填埋后将进行生化降解。其中，垃圾降解产生的水、气等产物将给堆体稳定和环境污染带来极高的风险。垃圾填埋场与传统土木工程领域土方填筑施工的显著不同点是要控制垃圾体降解过程中产生的渗滤液和填埋气，即要控制好水、气问题。一个典型填埋场内水、气的导渗、导排系统的主要设置思想是防、排、治结合。首先通过垃圾堆体表面的覆盖层，对大气降雨进行"防"。通过覆盖层的防渗功能，达到减少降雨入渗的目的。其次是"排"，填埋体表层设置坡面排水沟拦截自然降水，对场区汇水面积内自然降雨通过设置截洪沟拦截。最后是"治"，对库内填埋渗滤液设立体交叉网状排水系统和导排系统对渗滤液进行治理。通过这三个措施来控制填埋体内的水位。

　　图1.8～图1.10是国内某填埋场"防、排、治"水的控制构造措施现场照片。在垃圾填埋过程中采用分层压实覆土、铺设纵横排水管和排气暗管导出渗滤液和气体的卫生填埋法。填埋作业采用按单元分层填埋作业的形式，每个填埋单元面积770～3200m²，分层碾压，分层厚度0.6m。每层总厚5m（4.7m的垃圾填埋层，0.3m的覆土）。截洪措施，场内渗滤液、气的导排系统与一期工程相比加大了竖井距和各层纵横沟沟距，且增设了场地底部的主排水管，各排水管不再采用钢筋混凝土排水管，而采用在填埋体中挖沟，并在沟内填碎石的形式。渗滤液沿各层盲沟流向竖向井，由竖向井流入库底主次集液沟并流向坝前集液槽，再穿过坝体底部，进入污水调节池。对场区汇水面积内自然降雨采取设置截洪沟拦截的具体措施：场区周边设置三条环库截洪沟，库内的两条临时截洪沟，终端均汇入环库截洪沟，当场区垃圾填埋到临时截洪沟位置时，沟内填入碎石并铺设花管。由此，垃圾堆填后截洪沟改为导排盲沟，纳入垃圾堆体导排系统。环库截洪沟走向为由南向北，分东西两段排出坝外，起截流和排除填埋场地表径流的作用。借用这三条环库截洪沟以拦截库区汇水面积内的自然降水。

图1.8　西南某省一垃圾填埋场坡面排水沟

　　填埋导排则是将垃圾分层填埋，在填埋体内设置立体交叉布置的网状暗沟并用管道（花管）将垃圾中的渗滤液和甲烷等有害气体进行汇集和输送，并将气体引出垃圾体，将渗滤液引入库底的收集池并通过污水处理站做无害化处理。场底的排水系统兼作排气系统，其主要由主排水管、次排水管和竖向暗管构成。其中，在库底设纵向主排水管一根，管径为1.0m，随库内地形铺设且与各横向暗管相连，主排水沟在每20m高的平台内侧设一检查竖井，主排水管为钢筋混凝土管，管外设0.5m厚的反滤层，并在

图1.9 西南某省一垃圾填埋场环库截洪沟

图1.10 临时截洪沟与环库截洪沟的连接

反滤层外包裹土工布。垃圾分层填埋,每层5m,在每层底部间隔30m铺设纵横暗管,排水坡度为0.01,管径0.4m,在纵横暗管交叉点上设置竖向暗管管径0.6m,断面构造同场底主排水管。填埋体内排水系统的设置使填埋体构成了一个立体的网状排水通道。

1.2 封顶覆盖层的作用

填埋场封场覆盖层的主要功能是减少降雨入渗，以减小渗滤液的产出量。若覆盖层防渗功能弱化或失效，则大量自然降雨渗入垃圾堆体使得渗滤液水位壅高且产出量显著增加，诱发垃圾堆体边坡失稳并加剧渗滤液污染物的扩散。2016 年，国家"十三五"规划《中华人民共和国国民经济和社会发展第十三个五年规划纲要》明确指出"实施工业污染源全面达标排放计划，实现城镇生活垃圾全覆盖和稳定运行"。2016 年，贵州省"十三五"规划指出"实施最严格的环境保护制度，扎实抓好垃圾治理和污水处理，全面改善居民生活生态环境"。目前贵州省有垃圾填埋场近百座，不少填埋场超负荷运转已达到设计服务年限，面临着封场覆盖治理问题。

封场覆盖层位于垃圾堆体表层，好比填埋场的"皮肤"，其下边界经受垃圾堆体不均匀沉降变形和填埋气的渗透、顶托；上边界暴露在大气环境中长期经受干-湿、冷-暖和冻-融循环的考验。目前，我国填埋场主要采用压实黏土覆盖层与复合覆盖层，在长期服役过程中两者均有明显的缺陷。随着服役时间的延长，紧密压实的黏土覆盖层易发生干缩、冻胀或开裂，渗透系数明显增大甚至比初始建造时高几个数量级而防渗效果大为下降，由此造成渗滤液水位壅高，产出量显著增加且垃圾边坡抗滑稳定性大幅下降，高水头渗滤液极易击穿场底防渗层，污染地下水。此外，由于压实黏土层开裂，大量裂缝发育，填埋气从裂缝中无组织外逸、释放，严重影响周边空气质量甚至产生恶臭。贵阳、上海和北京等地媒体多次报道此种情况。如 2015 年 9 月贵阳市某生活垃圾填埋场超负荷运行，渗滤液污水外溢进入场外环境，臭气扰民问题遭环保部公开通报。复合覆盖层防渗效果虽有较大改善但失稳、破坏问题频发，如土工膜与黏土之间的薄弱界面滑动失稳、土工膜易拉裂、穿刺等。更重要的是，复合覆盖层施工工序烦琐且造价较高。

封场覆盖层作为填埋场治理后的最后一道屏障和工序，其直接影响垃圾堆体状态、周边环境和填埋场的后期管理。2011—2015 年，国家"十二五"规划《中华人民共和国国民经济和社会发展第十二个五年规划纲要》指出，预计我国实施存量垃圾填埋场治理项目 1882 个，其中不达标生活垃圾处理设施改造项目 503 个，卫生填埋场封顶项目 802 个。而到 2016 年，我国发布的"十三五"规划指出："实施工业污染源全面达标排放计划，实现城镇生活垃圾全覆盖和稳定运行"。目前我国有填埋场上千座，不少填埋场已达到设计服务年限，面临着封场覆盖的问题。封场覆盖层主要有如下功能：

（1）减少或避免大气降雨渗入垃圾堆体，从而减小渗滤液产出量；

（2）调控或避免填埋气向周边环境无组织释放；

（3）封闭、隔离或保护垃圾堆体，避免垃圾堆体裸露；防止病原传播媒介的滋生和扩散（如蚊蝇等）；

（4）防止自然气候荷载作用对垃圾堆体的风化侵蚀，保持垃圾堆填边坡的稳定性；

（5）消除不良视觉障碍，恢复生态，便于土地修复和再利用，为填埋场封场后植被的生长提供营养基层。

1.3 我国当前填埋场采用的覆盖层

当前，我国有 1000 多个填埋场需要封场治理。现阶段我国还没有采用新型土质覆盖层，所采用的覆盖层，都为传统的以黏土或者以土工膜作为核心防水材料的传统覆盖层。对于传统覆盖层我国的相关法规有明确的技术规定，例如《生活垃圾卫生填埋技术规范》（GB 50869—2013）。该规范对垃圾填埋场的场底防渗层、封顶覆盖层以及堆体水-气导排系统等构造设施做了详细的技术规定。对封场覆盖层建议采用压实黏土覆盖结构或复合覆盖层（图 1.11 和图 1.12 分别给出了黏土覆盖层和复合覆盖层的典型结构）。

黏土覆盖层结构由植被层、排水层、防渗黏土层和排气层等组成。其中排气层应采用粗粒土，如沙土、碎石等多孔材料，厚度应不小于 30cm。防渗黏土层应采用黏性土，其渗透系数应小于 1.0×10^{-9} m/s，厚度应为 20～30cm，且应保证防水效果。在排水层上应设置植被层，植被层厚度应不小于 15cm，并种植草类植被。从黏土覆盖层的防渗思想可以看出，它是利用黏土的低渗透性来实现防渗功能的。其中核心的防水材料为防渗黏土层。规范中建立的黏土覆盖层结构详细如图 1.11 所示。

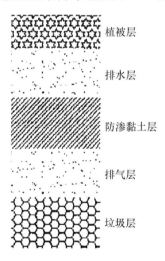

植被层

排水层

防渗黏土层

排气层

垃圾层

图 1.11 我国传统黏土覆盖层结构图

图 1.12 为我国规范推荐的、典型的复合覆盖层。由图可见，该复合覆盖层由植被层、排水层、膜上保护层 HDPE 土工膜、膜下保护层和排气层等组成。其中排气层，应采用粗粒土，如沙或者碎石等多孔材料构成。厚度应不小于 30cm。膜下保护层为黏土，其建议厚度为 20～30cm，主要作用为防止尖锐物体刺穿 HDPE 膜。在 HDPE 膜上设置排水层、植被层。植被层采用营养土，需根据当地植被条件来具体设置土壤特性，以保持植被良好生长。

此外，《生活垃圾卫生填埋场封场技术规范》（GB 51220—2017）规定，封场覆盖系统结构由垃圾堆体表面至顶表面顺序应为排气层、防渗层、排水层、植被层。其规定：填埋场封场覆盖系统应设置排气层，施加于防渗层的气体压强不应大于 0.75kPa；

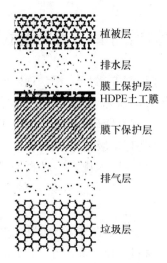

图 1.12　我国传统复合覆盖层结构图

排气层应采用粒径为 25～50mm、导排性能好、抗腐蚀的粗粒多孔材料，渗透系数应大于 1×10^{-2}cm/s，厚度不应小于 30cm。气体导排层宜用与导排性能等效的土工复合排水网。

　　近年来，随着欧美等国家开始大量地应用土质覆盖层，我国也开始尝试应用土质覆盖层。2012 年国家颁发的行业标准《生活垃圾卫生填埋场岩土工程技术规范》（CJJ 176—2012）推荐了新型的土质覆盖层，给予非饱和土的毛细阻滞作用，而实现防渗功能。新型的土质覆盖层，不同于传统的黏土覆盖层或者复合覆盖层。其设计思想是把覆盖层看作是一个吸水的海绵，下雨时吸收水分，天气晴朗时通过植被蒸腾释放水分。如此，在水分的存储释放循环中而实现防渗功能。图 1.13 给出了我国规范推荐的典型毛细阻滞覆盖层结构。由图可见，结构分为植被层、细粒土层、无纺土工布和粗粒土层等。推荐结构虽然给出了典型的土层结构，但并没有给出各土层的设计厚度。根据目前焦卫国等学者的研究，其设计厚度应根据各地的气候条件而进行设计。目前该新型土质覆盖层处于研究和现场实验阶段，还没有进入成熟的应用阶段。

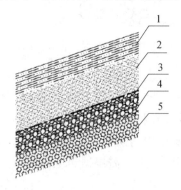

图 1.13　我国规范推荐的（土质覆盖层）毛细阻滞覆盖层结构
1—植被层；2—细粒土层；3—无纺土工布；4—粗粒土层；5—垃圾

1.4　当前国外填埋场普遍采用的覆盖层

目前，北美、欧洲等国对垃圾填埋场覆盖层均做了一些技术要求和规定。例如，美国环保局出版了 RCRA——*Resource Conservation and recover Art*，美国国家实验室（洛斯阿拉莫斯）出版了 *Cover System Design Guidance and Requirements Document*。2004 年美国环保局出版了 *Draft Technical Guidance For RCRA/CERCLA Final Covers* 等文件。

在 RCRA 中有两个章节分别对有害和无害的固体废弃物覆盖层做了详细的技术要求和规定。这两个章节是 Subtitle-D 和 Subtitle-C。其中 Subtitle-D 是针对无害的固体废弃物填埋场。而 Subtitle-C 针对有害固体废弃物填埋场。Subtitle-C 的覆盖层主要由植被层、排水排气层、防水土工膜和低渗透性压实黏土等构成，各层的技术指标如下：

（1）核心防渗层，主要由土工膜和黏土等构成，要求其饱和渗透系数不大于 1×10^{-7} cm/s。该层主要由压实黏土和土工膜（如 HDPE 膜）构成。

（2）水平向排水排气层，渗透系数介于 1.0×10^{-2} cm/s，厚度为 20～30cm。

（3）表层为植被层。目的是为植被生长提供营养基层，防止大气降雨冲刷侵蚀土壤造成水土流失；同时，保护核心防渗层。

（4）各个填埋场根据填埋场情况和气候情况额外增加适当的备选层，以保证防晒效果。

与核废料等废物相比，城市生活垃圾危害性稍小，Subtitle-D 针对城市生活垃圾填埋场封场覆盖，做了最低的技术要求和规定，详细如下：

（1）植被生长层，该层厚 15cm，主要为植被生长提供营养同时保护核心压实防渗土层。

（2）核心压实黏土防渗层。该层由渗透性极低的压实黏土构成，厚度一般大于 45cm，渗透系数极低（小于 10^{-5} cm/s）。

当前在美国的中西部，干旱和半干旱气候区，新型土质覆盖层已有广泛的应用。如美国国家实验室的 *Cover System Design Guidance and Requirements Document*。其建议在满足防渗功能的前提下，可以采用新型土质覆盖层代替传统的黏土覆盖层和复合覆盖层。这种覆盖层被称为"替代型土质覆盖层"。国内一些学者称之为腾发型覆盖层或毛细阻滞覆盖层。

欧洲等国家，如德国对本国的垃圾填埋场终场覆盖层防渗技术也做了相关的规定。其规定，覆盖层应由多种土层结构复合组成共同实现防渗功能。如植被层、压实黏土层、水气的导排层等。其中，在水的防渗方面明确规定起核心防渗作用的压实黏土层厚度应大于 1.0m，渗透系数应该要小于 5.0×10^{-10} m/s，水气导排层厚度应该大于 0.5m 等。

传统的黏土覆盖层和复合覆盖，曾一度被认为具有较好的防渗效果。然而，多年的工程实践经验表明，黏土覆盖层，因为黏土经受大自然的干-湿、冷-暖和冻-融循环会出现开裂，从而导致其防水性能大打折扣，如图 1.14 所示。而复合覆盖层，因为添加了 GCL、HDPE 膜等，由于人造膜与黏土之间的滑动，以及尖锐物体对土工膜的穿刺等，造成其防腐性效果不佳。此外，干-湿、冷-暖和冻-融循环条件下，黏土覆盖层不可避免地出现开裂，由此造成防渗屏障失效。图 1.15 是复合覆盖层当中黏土与 GCL 膜之间的滑动造成的复合覆盖层鼓包现象。产生该现象的原因：一方面由于垃圾降解产生大量的填埋气；另一方面由于土工膜的不透水，导致土工膜黏土含水量高，有效应力降低，抗剪强度下降，使黏土层与土工膜之间发生滑动，出现剪切破坏。此外，复合覆盖层中土工膜的添加导致其造价偏高，施工工序烦琐。

图 1.14　黏土覆盖层黏土结构开裂问题

图 1.15　国外复合覆盖层失稳（鼓包-胀气）案例

第2章 新型土质覆盖层在国内外的 研究和应用情况

2.1 土质覆盖层水分存储-释放防渗原理

第1章对覆盖层的功能要求进行了讨论。从结构上看，覆盖层位于垃圾填埋体的顶部。当一个填埋场，容量达到饱和的时候，需要进行封场治理（对垃圾进行覆盖和保护）。从功能上讲，覆盖层具有许多功能（详见第1章），但其主要功能是防渗。从空间位置上看，覆盖层位于垃圾堆体的表层，其下边界为大量的垃圾堆体以及产生的渗滤液和填埋气，而上边界为自然气候条件。覆盖层好比垃圾堆积的皮肤，这层皮肤，将垃圾堆体与自然气候条件隔离。皮肤下边界经受垃圾降解，而产生不均匀沉降的破坏作用、填埋气的顶托、渗滤液的浸泡等。皮肤上边界，经历大气自然气候条件当中的降雨、日照、干-湿、冷-暖和冻-融循环的反复交替作用。在这些自然气候条件下，覆盖层就像一层薄薄的膜同时还要发挥防渗（阻滞水分下渗）功能。

如图2.1和图2.2所示，在自然气候作用下，以一场降雨和日照为循环条件说明其防渗原理。当自然气候条件降雨的时候，大气降雨降落在覆盖层表层。一方面，部分雨滴形成坡面径流；另一方面，部分雨滴渗入覆盖层结构。而天气晴朗的时候，覆盖层通过表层植被或表层的裸土，将部分渗入结构当中的雨滴蒸发出去。在降雨和日照的循环过程中，以水分为媒介，覆盖层与大气进行着物质、能量的交换。从这个角度讲，覆盖层土体、植被和大气系统构成了一个连续体，水分是其中的媒介。

在覆盖层众多的功能当中，防渗是其中最重要的功能——减少降雨入渗以减小渗滤液的产出量。传统的黏土覆盖层和复合覆盖层的防渗原理为隔断或者阻止水分下渗。其利用压实或者土工膜的低渗透性的原理，来进行防水。多年的生产经验表明黏土覆盖层在长期服役过程当中由于干-湿、冷-暖和冻-融循环导致黏土层开裂。开裂的黏土层渗透系数会增加几个数量级，甚至，部分大气降水会沿着开裂的裂缝，发生优先流而击穿覆盖层发生渗漏。而复合覆盖层当中，土工膜的耐久性差，土工膜经受不均匀沉降而发生拉裂，尖锐物体对土工膜的穿刺以及土工膜和黏土之间发生的剪切面滑移等工程问题，严重影响了复合覆盖层的长期防渗服役性能。

基于以上传统覆盖层的诸多缺点，新型土质覆盖层受到人们关注。新型生态型土质覆盖层以天然非胀缩性土为主要原料，利用非饱和土的储水、导水特性实现防渗功能。其工作原理与吸水海绵类似，降雨时，细粒土发挥储水作用将自然降雨吸纳存储；非降雨时，通过地表蒸发和植物蒸腾释放排空水分恢复储水能力以迎接下次降雨。通过合理设计，该土质覆盖层能够在季节性干-湿循环过程中实现自身水量平衡，减少雨水透过

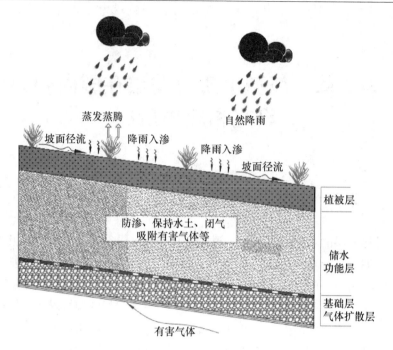

图 2.1　土质覆盖层水分存储原理（大气自然降雨-水分入渗存储）

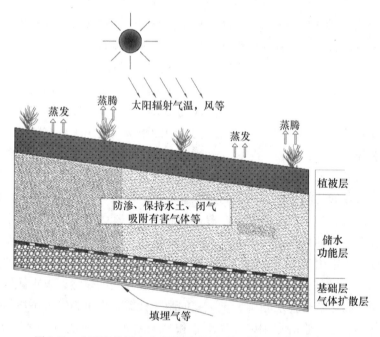

图 2.2　土质覆盖层水分释放原理（天气晴朗-水分腾发释放）

覆盖层进入填埋体的渗漏量。

　　新型土质覆盖层像一个吸水的海绵，在下雨的时候，结构中的细粒土将水分吸纳存储；同时表层的植被则在天气晴朗干旱的时候，将水分蒸发出去。目前欧美发达国家常用的土质覆盖层主要有两种形式，即单一土层型覆盖层（Monolithic Cover）和毛细阻滞型覆盖层（Capillary Barrier Cover）[1-5]。前者由一层具有良好储水能力的细粒土和植被组成，后者由一层细粒土下卧粗粒土组成，它利用了粗、细粒土层界面处的毛细阻滞作用来增大上部细粒土层的储水能力[6]。土质覆盖层的造价为复合型覆盖层的一半，更重要的是它由天然非胀缩土料组成，具有良好耐久性和生态恢复功能，比复合型覆盖层更能适应恶劣气候条件。

新型土质覆盖层与传统覆盖层（黏土覆盖层与复合覆盖层）的显著区别在于不同气候条件有不同的结构形式，须结合当地的气候特征和土性条件而具体分析[7]。一般而言，新型土质覆盖层结构按功能材料来设计，自下而上由气体扩散层、储水功能层和植被层等组成[8]。具体如下：

（1）基础层，防止垃圾填埋体不均匀沉降或局部沉陷对覆盖层结构造成基础层破坏。

（2）气体扩散层（由粗砂或碎石等粗粒土组成），主要导排填埋气并通过毛细阻滞作用提高上覆细粒土土层的储水能力。

（3）储水功能层（由粉砂、粉土或黏土等细粒土组成）就像吸水的海绵，降雨时储存入渗的水分，非降雨时通过蒸发蒸腾作用释放排空水分；同时兼有控制填埋气等臭气的无组织释放功能[9-10]。

（4）植被层通过蒸腾蒸发作用，释放排空水分的同时能将小部分逸出的填埋气（甲烷、硫化氢等）吸收氧化，而实现除臭、净化空气和温室气体减排。

（5）其他根据当地气候条件而设置的防止风沙或水土流失、土壤溶蚀等的保护层。

2.2　土质覆盖层土层结构和毛细阻滞作用

前述土质覆盖层有许多种类，如单一型土质覆盖层、毛细阻滞型覆盖层、非各向同性土质覆盖层。在这些不同种类的覆盖层当中，水分"存储"和"释放"是防渗过程中的两个关键环节。其中，水分的存储作用即通过细粒土，将水分吸纳储存。而水分的释放，则是通过植被蒸腾或表土的蒸发，将水分排向空气。在存储这个环节，一些文献注重提高土体水分的吸纳储存能力，进而研究出不同的覆盖层结构和种类。其中，毛细阻滞型覆盖层由一层细粒层下卧一层粗粒层组成，通过粗、细粒土不同的水力特性，来实现提高细粒土的储水能力。因此细粒土作核心储水层发挥储水作用，粗粒土作基础层并与细粒土构成毛细阻滞屏障形成毛细阻滞效应[9-10]。图 2.3 是由两层土（粗粒土、细粒土）构成的典型毛细阻滞型覆盖层。根据目前的研究结果：在干旱、半干旱地区因降水量少、蒸发量大，因而土体含水率较低多，处于非饱和状态。当处于非饱和状态时，粗粒土渗透系数远远低于细粒土，因而水分便被阻滞在粗细粒土界面而增大细粒土的储水能力。和前述仅有一层细粒土构成的单一型土质覆盖层相比，毛细阻滞型覆盖层中细粒土的储水能力得到进一步的提升和挖掘，部分学者描述其为"防渗能力加强的土质覆盖层[11]"。

众多学者对粗、细粒土间的毛细阻滞作用进行了研究。Scanlon（2002）、Hakonson（1994）、Khire（1994）最早将毛细阻滞的概念引入土质覆盖层设计中。Bussiere（2003）、Benson（2007）等通过室内试验和理论分析认为：水分在覆盖层土层中运移，当水分到达粗、细粒土交界面后，因水力特性的不同导致水分在细粒土-粗粒土层交界面聚集，随着水分下渗的逐渐增多，交界面水分逐渐增多。在这个过程中交界面基质吸力逐渐增加，当基质吸力增加到粗粒土的进水值 φ_b（Water Entry Value，其定义见第 3章）时，水分开始击穿粗、细粒土界面开始大量流向粗粒土中，至此毛细阻滞作用失效，覆盖层发生渗漏。对于粗粒土的进水值 φ_b 当前也有诸多学者对其进行了研究。如Aubertin（2009）等人[3-4]进行了定义：在粗粒土增湿路径（吸湿）的土-水特征曲线上，当水分首先明显大量地进入粗粒土土体孔隙（此时粗粒土土-水特征曲线上，对应土体体积含水率快速上升，基质细粒显著下降的拐点）所对应的基质吸力即该粗粒土的进水值 φ_b。一些学者指出进水值 φ_b 可通过吸湿过程的土-水特征曲线由作图法求得（图 2.4）。具体方法有如下四个步骤：

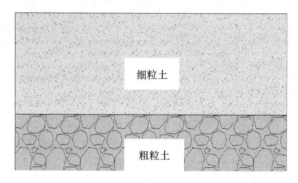

图 2.3　典型毛细阻滞型覆盖层构造

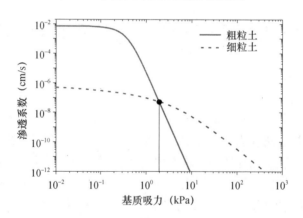

图 2.4　毛细阻滞型覆盖层粗、细粒土渗透系数

（1）获得相关粗粒土的吸湿土-水特征曲线。

（2）从粗粒土基质吸力逐渐降低、含水率逐渐增加的过程中，做出吸湿路径土-水特征曲线上（较平直段）残余含水率段的切线。

（3）从粗粒土基质吸力逐渐降低、含水率逐渐增加的过程中，找出水分增加速度较快的斜线段并做出切线。

（4）找出以上第二步的切线和第三步的切线反向延长线的交点，则该交点所对应的基质吸力即粗粒土进水值 φ_b。

以上四个步骤详细方法如图 2.5 所示。

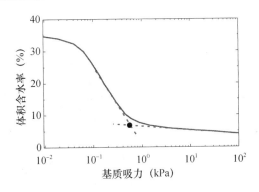

图 2.5　由作图法确定粗粒土的进水值 φ_b

2.3　土质覆盖层在国外的研究情况

由于传统黏土覆盖层和复合覆盖层自身结构、材料和造价等方面存在诸多的缺陷，20 世纪 90 年代率先在欧州、北美等地出现了新型的填埋场终场土质封顶覆盖层。与传统覆盖层不同，这类土质覆盖层几乎只由自然界中的天然土壤经一定的压实、级配等处理后构成[12]。与传统覆盖层最大的区别是其不含任何人工织物或人造防渗膜等人造材料（也有部分含有人造材料）。由于其必须要同传统覆盖层一样满足相同的防渗功能和标准，因此一些文献中又形象地称之为"替代型土质覆盖层[11]"。即在一些自然气候条件允许的情况下，其可作为传统覆盖层的替代形式设置在垃圾填埋场堆体表层而同样达到封顶覆盖和防渗之功效。国外诸多学者（如 Khire、Benson、Morris、Stormont）分别在现场和室内开展了替代型土质覆盖层的防渗试验并评估了其防渗性能。20 世纪 90 年代，美国能源局（DOE）和环保署（EPA）在全美范围 24 个填埋场开展了替代型土质覆盖层防渗性能研究项目（ACAP-Alternative Covers Assessment Program），全面评价了土质覆盖层对北美各地气候的响应规律的防渗服役性能。其根据土质覆盖层在北美地区的气候适宜性，把北美气候分为三个气候区。分别是区域一温暖湿润或半湿润区；区域二温暖湿润区；区域三凉爽湿润区（图 2.6）。在进行了大量的现场试验后，把北美中西部地区划分为土质覆盖层一般有效地区；把北美中东部地区划分为需要详细分析的特定场地（图 2.7）。研究结果表明：在北美中西部干旱与半干旱气候区，土质覆盖层具有广泛的适用性。

针对 ACAP 项目结果，美国环保署 2004 年 4 月又颁布了基于综合环境响应、补偿和责任法案、资源保护和恢复法案的填埋场终场覆盖层指导设计指南（*Draft Technical Guidance For RCRA/CERCLA Final Covers*），并给出各种覆盖层的设计例子。该文件作为设计指南，使美国的填埋场采用这些形式的覆盖层结构。这些典型的覆盖层结构都是美国国家官方于 2004 年对填埋场覆盖层的官方设计指导。文件中还有关于毛细阻滞覆盖层的一些介绍，但没有给出典型的毛细阻滞覆盖层结构，只是指出毛细阻滞覆盖层的导排长度要小于水力传递的斜坡长度，但 2000 年的文件给出毛细阻滞覆盖层的典型结构。这些形式的覆盖层是美国现在应用的主要类型。由上可见，目前美国覆盖层的应用主要

图 2.6　北美土质覆盖层防渗性能项目进行的气候分区

图 2.7　北美土质覆盖层防渗性能项目（ACAP）建议土质覆盖层适用地区

集中在第二阶段复合覆盖层阶段，但国家已经出了一些新型的替代性土质覆盖层，这包括改进型的复合覆盖层少量的应用。

现阶段，欧、美各国基本上处于新型土质覆盖层和传统覆盖层（黏土覆盖层与复合覆盖层）并存的局面。在一些地区气候条件适宜的情况下，可能会出现新型土质覆盖层，而在一些气候不适合的地区则主要应用传统覆盖层。从各国对于新型土质覆盖层的研究方向和工程初步尝试应用情况来看，目前新型土质覆盖层主要有以下四种类型：（1）传统阻隔、阻断水向下运移型（如压实黏土覆盖层或添加 GCL 土工膜等的复合覆盖层）；（2）腾发型覆盖层（包括单一型土质覆盖层、毛细阻滞型覆盖层和增加侧向导排层的非各向同性覆盖层）；（3）非各向同性覆盖层；（4）增设截水槽即在覆盖层表层，覆盖水槽将自然降雨部分截留以减少降雨入渗。现详述如下：

1. 传统阻隔、阻断水向下运移型

该类型覆盖层防渗与传统覆盖层防渗一样，即在覆盖层中设置一层渗透系数较小的土层或土工材料，通过阻断、阻隔自然降雨向下渗透运移的路径，而达到防渗的目的。

传统黏土覆盖层核心防渗土层为压实黏土[12]，然而已经有大量工程经验和研究结果显示，这类黏土因经受干-湿、冷-暖和冻-融循环，土体湿胀干缩性明显。压实黏土防渗层在自然气候条件下经历长期服役，其结构往往遭受破坏。其渗透系数在填埋场建造之初一段时间满足防渗标准，而在服役过一段时间后其渗透系数则大幅下降[13-14]。一些学者的研究表明其渗透系数甚至可能会增加几个数量级。鉴于此，也有一些学者认为可能是黏土层之上的保护土层太薄，黏土经历自然气候的反复作用，进而提出将核心黏土层下移的思想。然而一些学者的进一步研究表明仍然不能避免渗透系数的大幅下降[15-17]。因此，部分学者提出采用当地较多的、粒径分布较黏土稍大的土类（如粉土）来替代黏土阻隔或阻断水向下运移。其核心思想即认为黏土粒径太小，在自然界中不可避免地经历干-湿、冻-融循环而破坏，增大土体粒径可以减小其湿胀干缩性。这类覆盖层为降低工程造价，土料多采用本地较多的土类。但其思想与传统覆盖层一致，虽然渗透系数较小（与原黏土比稍大），但可用更厚的土层来实现防渗功能[18]。

美国能源部环境管理办公室出版的 *Alternative Landfill Cover* 推荐无害固体废弃物含有 GCL 土工膜的复合覆盖层，与 EPA 子章 C 推荐的覆盖层一样，只是低渗透系数的压实土壤层被换成了土工合成黏土衬垫，其结构如图 2.8 所示[19-23]：

（1）底部 GCL 组成的层（GCL 组成膜覆盖 40mm 土工膜）。

（2）中间 30cm 厚砂排水层覆盖土工布滤布。

（3）上层 60cm 厚的植被土壤层。

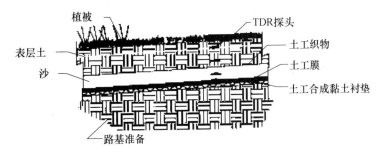

图 2.8　土工合成黏土衬垫的设计

2. 腾发型覆盖层

自然界中一些边坡即使经历长期自然降雨，但其含水率仍然维持在一个稳定状态。究其原因是在自然气候条件下由于表层植被和裸土的蒸发与蒸腾作用，使其内反复经历存储-释放而使含水率稳定维持在一个范围。基于此，一些学者提出利用这种思想来防渗[24]，即在垃圾填埋场堆体表层设置一层土体，该土体像一层薄薄的储水容器。降雨时通过坡面土体的存储和地表径流将水分处置，而非降雨时则通过表层土体和植被的蒸腾、蒸发作用将水分排向大气自然环境中[25-30]。一些学者通过研究证明这种防渗思想是可行的。通过观察发现在许多降雨较少的干旱和半干旱地区[31]，垃圾填埋场覆盖层上种植植被使其自身形成一个稳定的生态系统。在该系统中，其与自然气候环境有着稳定的能量、物质等交换。如在这些地区由于降水相对较少而土层和植被蒸发量较大，土体在强烈的蒸散作用下能够将覆盖层系统中水分稳定地存储和释放，因而覆盖层土体常处于非饱和状态而表现出了较大的储水容纳能力[32]。基于此，人们逐渐开发出基于细粒土储水同时利用表层植被和土体的腾发作用排空、耗散水分而达到防渗目的的腾发覆盖层[33]。由以上的防渗方法可见，腾发覆盖层不怕水分往下渗，允许水分渗入土层结构中并被土体吸纳存储。从文献［34-54］来看，目前这种腾发覆盖层有三种形式：即单一土层型腾发覆盖层（Monolithic cover，MC）、毛细阻滞型腾发覆盖层（Capillary barrier cover，CBC）以及在毛细阻滞型覆盖层中添加具有侧向排水功能层的非各向同性覆盖层。美国能源部环境管理办公室出版了 *Alternative Landfill Cover*，该书推荐了多种类型的腾发覆盖层。图2.9是由一层核心储水层和植被土构成的单一型腾发土质覆盖层。单一型土质覆盖层是腾发覆盖层中结构最简单的形式。其他类型的腾发覆盖层均是在单一型覆盖层基础上通过增加土层厚度，或增大土层储水能力或增加土层侧向排水功能的基础上而实现的。

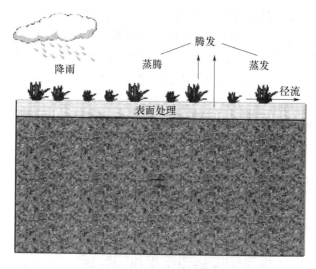

图2.9　单一土层型腾发覆盖层

在比单一型土质覆盖层结构复杂的腾发型土质覆盖层中，毛细阻滞型覆盖层是比较常见的。毛细阻滞型覆盖层结构稍显复杂，是由一层细粒土和下卧粗粒土组成（图2.10）。其中，细粒土作核心储水层主要发挥储水作用，一般采用持水性较好，粒径较小的粉土、粉砂等（不采用黏土）；粗粒土考虑其储水作用，主要作基础层并与细粒土构成毛细阻滞屏障而增加上层细粒土的储水能力，一般采用砂或碎石等。毛细阻滞型覆盖层土层结构复杂，其中的细粒土储水能力得到进一步的挖掘和开发。和单一型土质覆盖层相比，其防渗性能更优，可视为防渗能力加强版的单一型覆盖层。从文献研究来看，目前毛细阻滞覆盖层研究和应用得均比较多。北美部分学者如 Storment（1994）、Hakonson（1994）、Khire（1997）首先将粗、细粒土间的毛细阻滞概念和作用引入土质覆盖设计。美国能源部环境管理办公室出版的 *Alternative Landfill Cover*，推荐了典型的毛细阻滞覆盖层结构。根据该推荐，其防渗最低要求和最简单结构从下到上依次如下：

（1）粗粒土建议采用粗砂排水层，厚度约30cm。

（2）细粒土建议采用45cm厚的压实粉质黏土或粉性土土层。

（3）顶部植被土建议采用30cm厚的适合当地植被生长的土壤层。

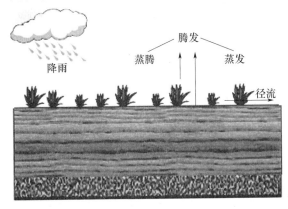

图 2.10　毛细阻滞型腾发覆盖层

3. 非各向同性覆盖层

由于土层渗透性之间的差异，水分在土层中的运移表现出不同的规律。基于此，在覆盖层土层结构中设置不同结构的土层，使其水平向渗透系数远远大于竖直方向，而实现从覆盖层侧面排向坡脚的收集沟，但不至于渗透击穿覆盖层的结构类型受到学者的重视。其中"非各向同性"是指覆盖层水平方向的渗透系数远远大于竖直方向渗透系数的性质，从而使渗透运移表现出水平和竖直方向的不同性质。其实质是通过设置多层土层，构建多层毛细阻滞层作用，使水分在水平方向易于排向坡脚，而竖直方向因毛细阻滞作用而不易于发生渗漏作用。目前，该类型的覆盖层结构多见于研究，如北美 Stormont（1996）提出原双层毛细阻滞型覆盖层粗、细土层（如粉土和碎石间）增设一层非饱和砂层。增设的砂层（Unsaturated Drainage Layer，UDL），在水分击穿上层细粒土而进入粗粒土层前，不会进入该层砂层结构。此时这一层砂可将水分沿覆盖层边坡方向排向坡脚，这无疑为覆盖层中水的去向多设了一条渠道。北美、欧洲等地区的国家对具有侧向导排的非各向同性土质覆盖层进行了诸多理论、室内和现场试验方面的研究（图2.11）。根据结果，学者们对其结构进行了建议。如美国能源部环境管理办公室出版的 *Alternative Landfill Cover* 中也推荐了该覆盖层的结构，其结构从下至上依次为：

（1）粒径最大的基础结构卵石层（推荐厚度为15cm）。

（2）粒径较小的细粒土层（非压实土壤层，推荐厚度为60cm）。

（3）粒径稍小的细砂界面层（推荐厚度为15cm）。

（4）覆盖层顶部种植植被的土层，可采用当地较多的适合植被生长的壤土（推荐厚度为15cm）。

4. 在覆盖层坡面增设截水槽（沟）

覆盖层发生渗漏，究其原因主要是降雨过程中有太多雨水入渗。传统的黏土覆盖层通过设置不透水的黏土或者土工膜来减少渗入的水分而实现防渗功能。本书中前述的新型土质覆盖层则通过存储降雨入渗过程中的水分进行防渗。然而部分学者另辟蹊径，提出了一种在降雨过程中降低降雨入渗增大坡面径流来实现防渗功能的思想。这种思想在降雨较多的半湿润和湿润地区显得尤为重要。如北美的 Hakonson（1999）提出在部分

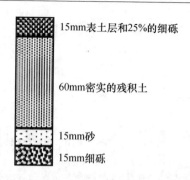

15mm表土层和25%的细砾

60mm密实的残积土

15mm砂

15mm细砾

图2.11　北美ACAP项目中研究的非各向同性（各项异性）覆盖层结构

降雨较多的湿润地区的填埋场，土质覆盖层表层（顶部）增设一些截水槽（截水沟），通过截水槽（截水沟）将降雨过程中的水分以坡面径流的形式排向坡脚来大大降低渗入覆盖土层的水分（图2.12）。根据Hakonson（1997）的研究，在湿润地区对于这种覆盖层，增设的水槽覆盖面积越大，降雨入渗的水分越少；坡面径流的水分比例越大，覆盖层防渗效果越好。但在长期使用过程中维护费用高，且不利于植被的生长，因而这种类型的覆盖层未见有实际工程的应用。

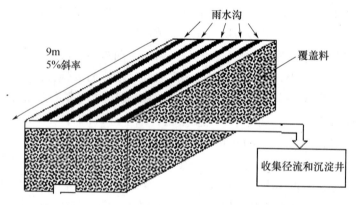

雨水沟

9m
5%斜率

覆盖料

收集径流和沉淀井

图2.12　表层增设截水槽（雨水沟）的替代型土质覆盖层

2.4　土质覆盖层在我国的研究和应用情况

土质覆盖层在我国已成为研究的热点，国内有许多的学者，对土质覆盖层防渗机理、土层信息、土层结构、水气运移以及水分传导等进行了研究[55-89]。从研究方法来看，目前，多采用理论分析和试验相结合的方法。从研究尺度来看，目前多采用单元体试验或者室内模型试验，只有较少的人采用现场大尺度试验研究。分析方法多采用数值分析获得，有限差分或公式推导等[58]。如陆海军[67]，赵慧[69]等，研究了植被和土类组合对土质覆盖层防渗性能的影响，研究地点在我国中部和沿海城市（如武汉、大连等）。Ng（香港科技大学教授吴宏伟）等通过试验与理论（数值分析）相结合的办法，研究了土质覆盖层、毛细阻滞覆盖层土体中基质吸力、体积含水率等水分的分布和运移特性。张文杰[80]等在我国东部沿海典型湿润气候区（杭州）开展了毛细阻滞覆盖层一维土柱长期服役特性的监测试验。试验历时 18 个月，并用数值分析软件 HELP 和 VA-DOSE/W 对覆盖层水分运移特性进行了对比实测数据的模拟和分析。

此外，詹良通和焦卫国等[89-90]在我国西北半干旱气候条件下研究了黄土-碎石毛细阻滞覆盖层的防渗性能，对传统双层毛细阻滞覆盖层中基质吸力的分布特性、水分运移规律和初步设计厚度进行了探讨。邓林恒、詹良通等开展了极端降雨条件下含非饱和导排层毛细阻滞覆盖层的防渗性能试验。试验雨强为 65 ~ 76mm/h，利用摄像和张力计监测了降雨入渗及非饱和导排层侧向导排过程并收集测试了各水量分配。限于试验条件，未能对侧向导排长度、导排性能和影响因素等进行全面的分析。在现场试验方面，目前开展的研究和尝试还不多见。仅有的文献报道是焦卫国[89-90]在我国西安江村沟垃圾填埋场建造了 20m×30m 大尺寸黄土-碎石毛细阻滞覆盖层现场实验基地并在基地开展了极端降雨试验，测试了黄土覆盖层基质吸力、运移特性和各水量分配；分析了室内单元体和现场尺度黄土覆盖层的储水特性；验证并评估了黄土-碎石毛细阻滞覆盖层的理论和实际储水能力，为黄土覆盖层在我国西北地区的应用提供了数据支撑。

现阶段，我国实际填埋场封顶覆盖工程中，还没有采用新型土质覆盖层进行封顶设计的案例。目前所采用的覆盖层，都为传统的以黏土或者以土工膜作为核心防水材料的传统覆盖层。对于传统覆盖层住房城乡建设部颁布了《生活垃圾卫生填埋处理技术规范》（GB 50869—2013），其建议可采用压实黏土覆盖结构或复合覆盖层。近年来，随着欧美等国家开始大量地应用土质覆盖层，我国也开始尝试应用土质覆盖层，2012 年国家颁发的行业标准《生活垃圾卫生填埋场岩土工程技术规范》（CJJ 176—2011）推荐了新型的土质覆盖层，采用非饱和土毛细阻滞作用，来实现防渗功能。

从欧美地区土质覆盖层的应用情况来看，土质覆盖层在干旱与半干旱地区具有普适性，而在部分湿润地区可以应用，但应结合当地的气候条件进行具体分析。我国降水分布总趋势从东南沿海向西北内陆递减，东南沿海的年降水量可达 1600mm，而西部新疆、宁夏、内蒙古等地仅有 200mm/y 甚至更少。800mm 等降水量线通过西安附近的秦岭、淮河附近至青藏高原东南边缘，区域气候基本为半湿润气候，是西北地区较湿润的地区。400mm 年等降水量线大致通过大兴安岭、张家口市、兰州市、拉萨市至喜马拉雅山脉东缘，基本为半干旱区。西北内陆地区如银川、贺兰等地年降水量多在 200mm 以下，主要为干旱气候区，是西北气候较干旱的地区。

干旱是西北地区显著的气候特征[70]。根据我国干湿气候分区图，西北的黄土高原以及黄土分布区范围的几省从西到东依次为干旱、半干旱、半湿润气候，年降雨量为 200 ~ 800mm。西北地区气候以干旱半干旱为主，黄土分布面积达 64 万 km²。除黄河中上游的西北五省区（甘肃、陕西、宁夏、山西与青海）以外，其次河南、河北、山东、辽宁、黑龙江、内蒙古和新疆等省区均有广泛分布。黄土堆积形成厚度不同的阶地，一般低阶地黄土厚约 10m，高阶地厚 20 ~ 200m；陕甘地区厚 100 ~ 200m，土料来源极其丰富。黄土分布广泛，若该地区就近采用当地黄土做填埋场终场覆盖层将极大地降低封场运营费用。目前，西北地区个别城市已有填埋场采用黄土覆盖层的案例，但对其防渗性能和效果还缺乏测试和评估，没有相关的理论支撑，因而有必要对其进行深入的研究和探讨。

第3章　土质覆盖层植被、细粒土和粗粒土适宜种类和水力特性

一个典型的土质覆盖层，由表层的植被、中间的细粒土和下部的粗粒土组成。其中，表层的植被主要发挥水分的蒸发释放作用（通过植被的生长，实现水分的释放）。中间的细粒土发挥储水功能，如在降雨时刻通过系统的存储，实现储水。下部的粗粒土，主要作基础层或气体扩散层（图3.1）。下面详细介绍表层植被、细粒土和粗粒土各自的功能。

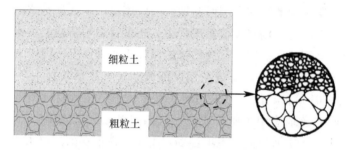

图3.1　典型的粗-细粒土双层毛细阻滞型覆盖层土层结构

3.1　土质覆盖层植被作用与适宜种类

土质覆盖层中植被的作用主要有如下四个方面：
（1）蒸腾水分。
（2）减小坡面冲刷，防止水土流失和风沙侵蚀。
（3）种植植被是用来建立和修复生态环境，绿化园林景观。
（4）调控无组织释放的填埋气，通过特殊的植被种类和组合吸收或降解部分溢出的填埋气等。

为使腾发作用的稳定发挥，需要植被在一个完整的水文年中具有较长的绿化时间、较优的绿叶面积和适当的根系深度。此外，其必须适合填埋场当地半湿润、日照强烈、夏季炎热高温的气候、土壤和环境，且后期植被管理简便。土质覆盖层水分的释放作用，对其防渗效果非常关键[67]。植被不是独立存在的，而是依托于细粒土，由细粒土为其提供营养和生长基层。植被-细粒土-大气环境共同构成一个生态系统。

一般而言，覆盖层上的地上生物量可能是土壤覆盖物有效利用水分的一个良好指标，因为生物生产和土壤水分利用是密切相关的。植物的生长可能会受到诸多因素的限制，包括土壤性质、气候温度、降水、太阳辐射、风、湿度、疾病、虫害等以及下面讨论的土壤参数。在任何时间，可能由以上一个或多个因素共同影响，或影响因素之间的

交互作用，对于植被的种类，可能会遇到生长条件不佳的情况。因此堆填区覆盖层植被是应包括本地草种的多样化混合物。由于这种适合气候的本地植物是在当地气候条件下进化而来的，因此将会倾向于在本地生存并按照预期的方式发挥作用。目前，国内外填埋场植被多采用禾草类植被或矮小的灌木等。

覆盖层禾草类植物根据生长气候分为暖季型草坪草和冷季型草坪草。冷季型草适宜的生长温度在 15～25℃之间，当气温高于 30℃时，生长缓慢。故建议暖季性草和冷季性草混种。可以用于种植的植物包括黑麦草、早熟禾、高羊茅、百慕大（又叫狗牙根）苜蓿和麦冬（图 3.2～图 3.7）。这些草类中黑麦草、早熟禾、高羊茅、百慕大为冷季型，苜蓿和麦冬为暖季性草类。对填埋场覆盖层适宜种植的草类研究，目前国内已有部分学者开展了相关工作。现举例如下：

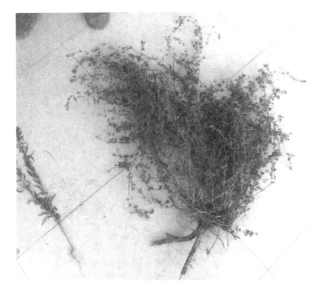

图 3.2　西北常见植物——苜蓿

图 3.3　高羊茅（冷季型草，常绿植物）

图 3.4　百慕大（狗牙根）

图 3.5　早熟禾

图 3.6　黑麦草（一）

图 3.7　黑麦草（二）

　　山仑、徐炳成（2009），韩路、贾志宽（2003）等研究表明：我国西北地区地处内陆，海拔较高，云量少，晴天多，日照较长（年日照为 3000～3300h），有较大的温差和较强的太阳辐射（年太阳总辐射 6000～6500MJ/m²）等多种优越气候条件，适合优质饲料作物苜蓿的生长。苜蓿喜干燥、温暖、多晴、少云的天气，西北地区气候能较好地促进苜蓿生长发育。玛峻、郭小平以北京六里屯垃圾填埋场临时边坡为研究对象，选择苜蓿、冰草、二月兰等 6 种混合草种进行试验，生长情况由高到低排序为苜蓿＞冰草＞二月兰。说明对于垃圾填埋场，苜蓿有较强的适应性。播种方式：喷播效果较好，且通过研究发现苜蓿能吸收一定的甲烷。

　　根据郭婉如等人对青岛市湖岛垃圾填埋场营造人工植被的研究以及黄立南、林学瑞等人对国内填埋场植被恢复情况的调查研究结论，选择确定适合铜锣山垃圾填埋场可用于植被重建的草本植物，包括马尼拉草、中华结缕草、画眉草、知风草、牛筋草、马唐、紫花苜蓿、白花三叶草等。林学瑞、廖文波对广东中山市一个关闭了四年左右的垃圾填埋场进行植被恢复、土壤、填埋气和植物自然定居等方面的调查研究。结果表明：垃圾填埋场的土壤偏碱性，场内土壤的盐分、含水量、有机质和重金属等含量远远高于场外的对照土壤。填埋场的植被自然恢复得很好，以草本植物为主，灌木为辅，另外还有少量的藤本植物和乔木存在。优势种为狗牙根，亚优势种包括苦楝、胜红蓟、蟛蜞菊、加拿大飞蓬、小牵牛、鸭跖草、少花龙葵、鸡矢藤、红斑一品红、牛筋草、类芦和田菁等植物。

　　卢源以杭州市天子岭垃圾填埋场为研究对象，对垃圾填埋场场内及周边生态环境进行调查，调查研究发现：垃圾填埋场植被分布受填埋时间的影响较明显，填埋时间越长，植物种类越少，但数量越多，郁闭越好；时间越短，植物种类越多，但数量越少，郁闭越差。在植被调查的基础上根据"乔木＋灌木＋草本"的适配种植方式，选取乔、灌木植物 20 种和草本植物 9 种开展植被筛选。研究结果表明湿地松、珊瑚朴、紫荆、红叶石楠、画眉草、高羊茅、灰绿藜等植物为垃圾填埋场耐性适生植物。路鹏、戴志峰

（2012）对上海垃圾填埋场进行了研究和调查。通过文章可知：Bohn 等人发现种植加拿大一枝黄花（Solidago cabadensis L.）和豆科植物（Legumi. nosae）后的土壤中甲烷氧化能力提高了 100%。Reichenauer 等通过在填埋堆体上分别种植不同植物与裸露地进行比较发现裸露地甲烷氧化效果最差。苜蓿与草混合处理的甲烷氧化效果最好，其次是黑杨，然后是芒和草，裸地效果最差。

王云龙对填埋气体胁迫影响作用下适生植物根际土壤微生物分子生态学开展了研究。以杭州天子岭垃圾填埋场植被调查为依据，结合生物多样性与景观生态设计原则创建了以女贞、湿地松、珊瑚朴、红叶石楠、紫荆、高羊茅和画眉草等耐性适生植物为基础的"乔木＋灌木＋草本"组合适配填埋场覆土植被种植方案。杨文静以几种绿地植物为试验材料，采用盆栽试验方法，研究比较了其对甲烷胁迫环境下的适生性。结果表明：甲烷对狗牙根发芽造成严重威胁、对白三叶幼苗的正常生长发育影响严重、甲烷胁迫下绿地植物生长速度减小，研究得出高羊茅和紫花苜蓿是适宜北方地区垃圾填埋场种植的理想草种。

由于生长条件的变化，植被根系的密度可能会增加。但一年之中并不是任何时候草类植物都在生长，其会经历生长期和休眠期。如我国的春夏秋季节植被会经历生长、茂盛、凋零的过程。而在晚秋、冬季到早春则会经历凋零。凉爽和温暖季节的原生牧草可以在大多数地方成功地一起生长。冷季草和暖季草的结合大大增加了生长季节的长度和草被的土壤干燥作用。在封面上同时加入冷季和暖季两种植物，更保证了封面目标的实现。

植物根系在土壤中的分布情况，可以说影响着覆盖层各土层的含水情况。植物生长对植物根系的作用依赖程度较高，有必要了解根系在系统中的作用及其需求。植物根系具有如下作用：

（1）根系从深层和浅层、湿润和部分干燥的土壤中吸收植被生长所需的水分和养分。

（2）部分植物肉质根储存营养。

（3）根系为土层提供锚固作用，防风固土，防止水土流失。

根和地上绿色植物部分是相互依存的。地上绿色植物部分是生长和维持所需的有机代谢物的来源，而根是无机营养物质和水的来源。众所周知，如果修剪植物的顶部以减少生长量，通常会减少根的质量，同时也会影响植被层中水分的释放效果。因此地上绿色植物和根系的量将对覆盖层水分的释放起到关键的作用。一般而言，一定土层条件下植被生长不好可能有如下原因：

（1）土壤 pH 值。

（2）土壤温度。

（3）土壤强度、物理因素和土壤溶液的盐度（过剩引起的钙、镁、钠和其他盐）。

（4）土壤含水量。

（5）氧充气土壤孔隙度。

（6）化学毒性（如 pH 值、镉、铅、铜、铬、铁、汞、锌、氨、硼和硒）。

在大多数情况下，选择本地植物有时可以避免 pH 值引起的潜在问题。土壤强度和物理因素可能会限制根系的生长。如果土壤中存在足够的水，它会润滑摩擦面，从而降低强度。土壤的物理条件，特别是土壤颗粒和孔隙空间的大小和分布，影响土壤的强度和土壤中水分的运动和有效性。土壤氧是根系呼吸过程中所必需的，其对根系的运动和有效性受到土壤物理性质的强烈影响。

土壤强度和密度（单位体积土的质量，g/cm^3）是支持植物生长的重要物理因素。一般而言土壤强度对根系生长的控制作用大于其他参数。土壤密度高、土颗粒间摩擦大、颗粒间黏聚力大或土壤含水量低均可导致土壤强度过高。可以通过控制或改变土壤密度和含水量来改善植物根系生长条件。Jones 等人 1983 年的研究表明，在大多数土壤中，当密度超过 $1.50g/cm^3$ 时，植物根系生长开始受到抑制。当密度超过 $1.70g/cm^3$ 时，植物根系生长受到明显抑制（Eavis，1972；Taylor et al. 1965 等）。土壤密度过大除了抑制根系生长外，还会由于土中孔隙空间小而导致土壤持水能力降低并限制了土壤中空气运动和氧向根系的扩散。此外，土壤颗粒粒径大小分布与土壤密度结合也影响植物根系生长。如在沙土中，根系通常生长良好但其持水能力较低，因而也阻碍了其在土质覆盖层中的应用。

土壤温度对根系生长有很强的控制作用。场地设计应确保所选择的植物适应根区土壤的预期温度。每一种植物都有适合其根系生长的最佳温度，土壤温度高于或低于该温度都会导致生长速率降低。超过每种植物根系的高温或低温极限，其根系就会停止生长。

土壤溶液的盐度可能是一个重要的问题。许多盐都会影响土壤溶液的盐度。随着植物对土壤水分的吸收，土壤溶液体积减小，盐度水平迅速升高。盐渍土溶液产生渗透作用，减少或阻止水分进入植物根部。植物必须获得足够数量的土壤水，以维持根细胞内的静水压力，从而使它们得以分裂。水是细胞壁所必需的，也是激素生长所必需的，根系呼吸时将碳水化合物转化为二氧化碳和水，从而释放植物生长过程所需的能量。氧气通过充满空气的孔隙扩散到土壤，为了维持植物的生命，根部必须有充足的氧气供应。

土壤中充满空气的孔隙很重要，因为植物根系都需要氧气，而且在下雨或灌溉时，这些孔隙成为水和空气在土壤中快速流动的通道。土壤孔隙空间包括大孔隙和小孔隙。小孔隙对空气的流动贡献很小，但是大部分的水储存在小孔隙中。在最优的土壤结构中，大孔隙和小孔隙相互连通，水和空气可以自由流动，孔隙大小分布良好。

3.2　土质覆盖层中细粒土特性与适宜种类

土质覆盖层的防渗机理是通过细粒土的储水和表层植被、土体的蒸腾蒸发而使水分实现长期的存储-释放循环。其中，存储环节主要依靠细粒土体的储水能力而达到防渗的目的。因此其防渗效果依赖于所使用细粒土土壤的持水能力高低。而在释放环节，须看见细粒土是储水层同时也是植物生长的营养基层，而植物的生长状态，蒸腾作用是土质覆盖层耗散水分的主要途径，其作用强弱将会对其水分的释放产生重要的影响。因此，细粒土要发挥储水作用除需具备较高的储水能力和较低的渗透性还须满足上述植被良好的生长条件。表3.1 是我国根据颗粒级配和塑性指数对土进行的分类。根据这个分类，目前用于土质覆盖层细粒土的主要是粉砂、粉土和粉质黏土。碎石土和砂砾土，因颗粒较大、储水能力差渗透系数较高而防渗效果不好。而黏土因颗粒较细失水收缩遇水膨胀，干湿胀缩明显极易开裂。已有工程经验和研究均表明，黏土在经历冻-融循环和干-湿循环过后，其渗透系数会增大几个数量级。

表 3.1　土按颗粒级配和塑性指数分类

土的名称		主要组成颗粒	分类标准
无黏性土	碎石类土	漂石（圆形及亚圆形为主）	粒径大于 200mm 的颗粒，质量超过总质量 50%
		块石（棱角形为主）	
		卵石（圆形及亚圆形为主）	粒径大于 20mm 的颗粒，质量超过总质量 50%
		碎石（棱角形为主）	
		圆砾（圆形及亚圆形为主）	粒径大于 2mm 的颗粒，质量超过总质量 50%
		角砾（棱角形为主）	
	砂类土	砾砂	粒径大于 2mm 的颗粒，质量占总质量 25%～50%
		粗砂	粒径大于 0.5mm 的颗粒，质量超过总质量 50%
		中砂	粒径大于 0.25mm 的颗粒，质量超过总质量 50%
		细砂	粒径大于 0.075mm 的颗粒，质量超过总质量 85%
		粉砂	粒径大于 0.075mm 的颗粒，质量超过总质量 50%
粉土	粉土	粉粒	粒径大于 0.075mm 的颗粒，质量不超过总质量 50%，且 $I_p \leqslant 10$
黏性土	粉质黏土	粉粒、黏粒	$10 < I_p \leqslant 17$
	黏土	黏粒	$I_p > 17$

注：1. 分类时应根据颗粒级配由大到小以最先符合者确定。
　　2. 塑性指数 I_p 应由 76g 圆锥仪入土深度 10mm 时测定的液限计算而得。

美国农业部（USDA）土壤结构分类系统认为土壤中含有足够的阳离子交换能力，首先要保证表层的植被能良好地生长。因此，要考虑以下几个因素：

（1）保持足够的植物养分。

（2）保持足够的水分。

（3）提供良好的根生长环境的土壤（包括壤土、粉质壤土、黏质壤土、粉质壤土、黏土和粉质黏土）。

砂质黏土和砂质壤土具有较高的土壤强度，会抑制根系生长。含 20% 以下黏土和 50% 以上沙子的砂土通常持水能力较低。因此，他们的研究文献中建议采用粉砂、粉土或粉质黏土。从可查证的文献来看，目前欧美等地土质覆盖层细粒土也多选用粉砂、粉土到粉质黏土（或壤土）这个粒径范围。Rahardjo（2007，2012）和 Stormont（1996，1998）等研究了细粒土粒径对其储水能力的影响。研究结果发现：介于粉砂、粉土到粉质黏土范围土类的储水能力要比黏土和粗粒土更优。具体表现：在低吸力段（饱和含水率或近饱和含水率段或部分学者认为的 33kPa 田间持水率），土体粒径越小含水率越高；但在高吸力段（1500kPa 植被枯萎点含水率），土体粒径越小含水率也越高。由于高吸力段土体中难以释放出来，因此被认为是覆盖层植被不可利用的残余含水率。由此，土体低吸力段（33kPa）到高吸力段（1500kPa）的储水能力表现为：黏土因两个状态含水率都高，因而中间差值部分含水率并不高；而粗粒土则因两个状态含水率都低，因而中间差值部分含水率也并不高。而粉土—粉质黏土可用的储水能力则表现优异。

从目前学者们的研究来看，储水层除考虑采用细粒土外，还考虑了取土条件等经济性。在实际采用时，会综合考虑土体储水能力和当地的取土条件等工程造价。比如学者Anderson（1997）在北美爱达荷（Idaho）州填埋场，就采用了当地分布较多的黄土作土质覆盖层细粒土而进行可行性的研究。其采用北美 Idaho 州的当地随处可见的黄土分别作单一型和毛细阻滞型覆盖层，并对其储水能力和黄土覆盖层防渗性能进行了研究。研究结果表明：黄土储水性能较优，介于一般的粉土和粉质黏土之间。由黄土作细粒土构成的土质覆盖层年渗漏量低于 10mm，满足北美地区土质覆盖层的防渗标准。此外，我国贾冠伟、邓林恒等在杭州地区采用分布较多的钱塘江粉土作土质覆盖层的细粒土，在室内和室外进行了短期极端降雨试验和室外长期监测试验。研究结果表明：在杭州地区采用钱塘江粉土作细粒土构成的土质覆盖层具有较好的防渗效果，但由于该地区年降雨较多，属于湿润气候区，在土质覆盖层结构需采用较传统双层毛细阻滞覆盖层更复杂的结构。进一步研究表明在毛细阻滞覆盖层粗、细粒土之间添加一层非饱和导排砂层，防渗效果更好。表 3.2 总结了国内外单一型土质覆盖层、毛细阻滞型覆盖层以及非各向同性土质覆盖层中采用细粒土的水-力特性参数。由表可见，这些土的饱和含水率为 $35\% \sim 45\%$，残余含水率为 $8\% \sim 13\%$；饱和渗透系数 $10^{-7} \sim 10^{-6}$ m/s。土体种类主要为粉砂、粉土、黏土。

表 3.2　目前国内外研究文献多采用的土质覆盖中层细粒土土-水特性参数总结[1-12]

土体名称	饱和渗透系数 K_s（m/s）	饱和体积含水率 θ_s	残余体积含水率 θ_r	V-G模型 α	V-G模型 n	研究学者
silty sand-粉砂	2.7×10^{-6}	0.42	0.02	0.005	1.48	Khire（2000）
sandy silt-粉土	9.0×10^{-8}	0.35	0.02	0.012	1.123	Khire（2000）
low plastic silt-低塑性粉土	3.2×10^{-8}	0.52	0.08	0.035	1.25	Khire（2000）
vegetative layer-植被土	1.4×10^{-6}	0.442	0.077	0.015	2.03	Morris（1997）
fine soil-细粒土	1.2×10^{-6}	0.40	0.08	0.021	1.87	Morris（1998）
silty clay loam-粉质黏壤土	1.0×10^{-7}	0.43	0.09	0.01	1.23	Benson（2003）
surface layer-表土	2.2×10^{-7}	0.38	0	0.00044	1.50	Benson（2004）
surface layer-表土	1.1×10^{-6}	0.38	0	0.005	1.33	Benson（2005）
silt surface layer-粉质表土	2.7×10^{-6}	0.42				Khire et al（1999）
Clayey sand-黏质砂土	1.0×10^{-7}	0.39	0	0.015	1.76	Abichou（2003）
Sandy clay loam-砂质黏壤土	4.7×10^{-6}	0.45	0	0.027	1.276	Scanlon（2002b）
Sandy clay loam-砂质黏壤土	2.3×10^{-6}	0.35	0	0.010	1.167	Scanlon（2002b）
Silt loam-粉砂壤土	5.0×10^{-6}	0.47	0.015	0.005	2.09	Scanlon（200b2）
Vegetative Cover-植被覆盖层	2.8×10^{-8}	0.36	0	0.0040	1.18	Roesler（2002）
Topsoil-表土	6.1×10^{-8}	0.48	0	0.0015	1.61	Roesler（2002）
Vegetative Cover-植被覆盖层	1.9×10^{-7}	0.46	0	0.00176	1.29	Roesler（2002）

续表

土体名称	饱和渗透系数 K_s（m/s）	饱和体积含水率 θ_s	残余体积含水率 θ_r	V-G模型 α	V-G模型 n	研究学者
粉质黏土	1.4×10^{-7}					张文杰（2009）
壤土	2.34×10^{-7}	0.33	0.04	0.0118	1.76	王康等（2007）
壤土	4.73×10^{-6}	0.48	0.07	0.0102	1.24	王康等（2007）
西北黄土	$1.0 \sim 1.8 \times 10^{-7}$	0.38	0.10	0.032	1.46	焦卫国（2015）

注：本表部分摘自贾官伟（博士），邓林恒（硕士）毕业论文，经再次整理收录而来。

　　如前所述，在我国也有部分学者对土质覆盖开展了相关研究。从他们的文献来看，土质覆盖层多采用粉土、粉砂、粉质黏土等，如杭州钱塘江的粉土，西北地区的黄土等。根据徐张建等人对我国西北地区黄土的分类，其把黄土分为 A 类（砂性黄土）、B 类（粉性黄土）和 C 类（黏性黄土）（图3.8）。图3.9 为三类黄土的颗粒分布曲线。由图可见：三类黄土都属于粉土。但土体中黏粒、砂粒（2～0.075mm）和粉粒的含量则因种类差异不同。但上述三类黄土的颗粒分布均适合于植被根系的发育和生长。

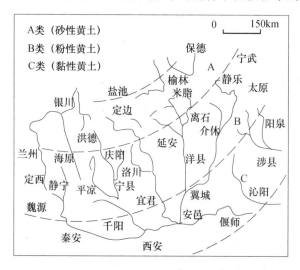

图3.8　我国西北砂性、粉性和黏性三类黄土的分布

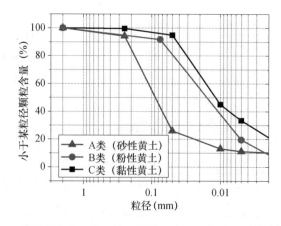

图3.9　我国西北地区的砂性、粉性和黏性三类黄土土体粒径曲线

图 3.10 显示了 A 类地区（砂性黄土）（如米脂等地）、B 类地区（粉性黄土）（如兰州等地）和 C 类地区（黏性黄土）（如西安等地）三类黄土的土水特征曲线。可见各类黄土土-水特征曲线形态和储水特性有一定差别。具体可从如下三个储水特征点来看（表 3.3）：

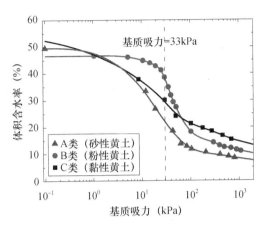

图 3.10　我国西北地区 A 类砂性、B 类粉性和 C 类黏性黄土的脱湿过程土-水特征曲线

表 3.3　我国西北砂性、粉性和黏性三类黄土储水性能特征点总结

储水特征参数	A 类（砂性）	B 类（粉性）	C 类（黏性）
饱和体积含水率 θ_s	40% ~55%	40% ~55%	50% ~60%
田间持水率 θ_c	25%左右	33% ~38%	30% ~35%
残余段含水率 θ_r	8%左右	10% ~13%	10% ~15%

注：上述值会受干密度的影响。表中给出的数据对应于黄土压实干密度为 1.40 ~1.70g/cm³。

（1）黄土的饱和体积含水率 θ_s：A 类与 B 类黄土相差不大，分布为 40% ~55%。而 C 类稍高，θ_s 分布为 50% ~60%。

（2）田间持水率 θ_c（农田水利学中定义基质吸力 33kPa 时，农田中土体对应的体积含水率）：A 类（砂性黄土）最低 θ_c 分布为 25% 左右；C 类（黏性黄土）位居中间 30% ~35%；而 B 类（粉性黄土）最高分布为 33% ~38%。

（3）植被枯萎点 θ_m（一些学者认为当土体中基质吸力达到 1500kPa 时，植被根系很难再从土体中抽吸水分。故将该基质吸力条件下的含水率定义为植被枯萎点含水率。当然也有部分学者在沙漠中发现一些植物即使在高于该基质吸力的情况下仍然能从根系吸水）：A 类黄土 θ_m 约 8%，B 类黄土 θ_m 10% ~13%，而 C 类黄土 θ_m 10% ~15%。植被可利用的有效储水率 θ_a（此处将田间持水率 θ_c 和枯萎点含水率 θ_m 之间的储水量定义为有效储水率。即 $\theta_a = \theta_c - \theta_m$）：A 类砂性和 C 类黏性黄土 θ_a 约为 20%，B 类粉性黄土 θ_a 稍高约 25%。表 3.3 总结了这三类黄土的典型储水特征点。

焦卫国等人的研究表明：三类黄土中植被可利用的有效储水率为 20% ~25%，适合植被生长且具有良好的储水能力，采用黄土作我国西北地区填埋场终场土质覆盖层的细粒土层具有技术可行性。此外，其对西北地区的气候进行了总结，并根据黄土储水能力对西北地区的土质覆盖层的设计厚度，进行了初步的设计与分析。图 3.11 列出了我国西北地区的黄土、上海的软土、钱塘江的粉土，以及枣阳膨胀土等细粒土的土-水特征曲线。其中背景虚线是 GEO-studeio 软件里面典型的碎石、砂土、粉土、粉质黏土、黏土等各类土的土-水特征特征曲线。可见，细粒土与粗粒土，有着截然不同的土-水特征曲线形态。由它们的饱和体积含水率、田间持水率和 1500kPa 下的残余含水率可知，粉土到粉质黏土具有较好的储水能力。

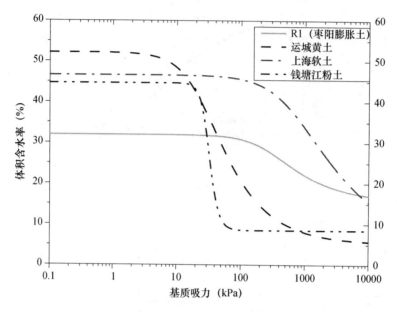

图 3.11　我国各地典型细粒土的土-水特征曲线对比

3.3　土质覆盖层粗粒土特性与适宜种类

毛细阻滞覆盖层粗粒土的主要作用是充当基础层并与细粒土构建毛细阻滞屏障、防止不均匀沉降对细粒土结构的破坏并兼作导气层收集填埋气，多采用粒径较大的土类如碎石、粗砂等。《建筑地基基础设计规范》（GB 50007—2011）标准规定：粒径大于 2mm 的颗粒含量超过全重 50% 的土称为碎石土，粒径大于 2mm 的颗粒含量不超过全重 50%，且粒径大于 0.075mm 的颗粒含量超过全重 50% 的土称为砂土。砂土是一大类土的总称，其颗粒从小到大分为砾土、粗砾、中砂、细砂、粉砂，具体见表 3.4。

表 3.4　《建筑地基基础设计规范》（GB 50007—2011）土的分类

土的名称	粒组含量
砾土	粒径大于 2mm 的颗粒含量占全重 25% ~50%
粗砾	粒径大于 0.5mm 的颗粒含量超过全重 50%
中砂	粒径大于 0.25mm 的颗粒含量超过全重 50%
细砂	粒径大于 0.075mm 的颗粒含量超过全重 85%
粉砂	粒径大于 0.075mm 的颗粒含量超过全重 50%

注：分类时应根据砾组含量栏从上到下以最先符合者确定。

　　根据以上标准，我们对国外文献中出现的毛细阻滞覆盖层粗粒土进行了重新分类，根据分类结果可知我国的粗、中和细砂等分类标准和国外是有点区别，如国外的中砂按照我国的标准划分为粗砂，国外的细砂我国为中砂。图 3.12 ~ 图 3.15 中的英文为国外文献中的名称，后面括号汉语名称为我国标准。

　　对前人在毛细阻滞覆盖层方面开展的研究工作进行总结，发现在文献中采用了不同种类的粗粒土。研究表明粗粒土采用碎石、粗砂以及中砂等土类时，碎石的进水值最低，细粒土储水能力的提高效果最好，因此采用碎石作粗粒土（图 3.12）。根据《建筑地基基础设计规范》（GB 50007—2011）的规定：粒径大于 2mm 的颗粒含量超过全重 50% 的土称为碎石土。又根据文献总结：碎石的粒径分布对碎石的进水值 φ_b 影响比较小，都在 0.1 ~ 1.0kPa 范围（图 3.12 左侧 5 条曲线）。进水值 0.1 ~ 1.0kPa 范围时黄土的土-水特征曲线比较平缓。当进水值在这一区间变化时，储水能力的提高或降低效果不显著，因此从构成毛细阻滞作用来将粒径限制在 1 ~ 2cm 这个范围，其进水值差别很小，对储水能力的影响较小。结合现场条件，现场填埋场覆盖层施工采用的 20 ~ 50mm 的卵石，根据《生活垃圾卫生填埋场封场技术规范》（GB 51220—2017），这个粒径范围可以作覆盖层膜下的气体扩散层。而对于膜上的扩散层，邱清文根据文献，要求膜上粗粒土分为两层，从膜开始向上第一层厚 30cm，粒径要求为 1 ~ 1.5cm，第二层厚 10cm，粒径为 0.5 ~ 1.0cm。

　　H. Rahardjo[6] 等人采用了中砂和碎石作粗粒土，研究了粗粒土种类对细粒土储水能力的影响。研究表明，碎石能够更大限度地提高细粒土的储水能力，而中砂则相对较弱。Hong Yang、H. Rahardjo[2] 在 2004 年分别研究了结构为细砂-中砂、中砂-碎石、细砂-碎石（细粒土在前，粗粒土在后）的三种毛细阻滞覆盖层，以讨论不同粗细粒土组合形成的毛细阻滞作用对细粒土储水能力提高的程度。试验结果显示，在细粒土同为细砂时，粗粒土为碎石的毛细阻滞作用要强于粗粒土为中砂的情况，这表明碎石能够更大限度地提高细粒土的储水能力，而中砂则相对较弱。H. Rahardjo 于 2012 进行了现场大尺寸试验，试验中测试了碎石、粗砂和粉砂三种粗粒土的进水值。测试结果表明，粗粒土粒径越小进水值越高，碎石、粗砂能与细粒土形成毛细阻滞作用，但粉砂与细粒土不能形成毛细阻滞作用，这主要是因为粉砂的进水值较高。

　　图 3.14 和图 3.15 是几种典型的用于作毛细阻滞覆盖层粗粒土的颗粒分布曲线和土-水特征曲线（英文为文献中所用名称）。这些粗粒土的最大粒径为 2 ~ 4cm，土类有碎石、粗砂、中砂和粉砂。采用作图法获得以上几种土的进水值 φ_b 分别为碎石 0.6kPa、碎石 1.0kPa、粗砂 3.5kPa、中砂 7.0kPa 和（细）粉砂 350kPa。可见碎石的进水值最小，粗、中砂的进水值次之，而细砂的进水值最大。这表明进水值 φ_b 与颗粒分布有很好的对应关系：颗粒越粗，进水值越小。

　　从目前文献出现频率来看，毛细阻滞覆盖层的粗粒土多采用两种粗粒土：碎石和粗砂。根据前人的研究，结合图 3.14 和图 3.15 对粗粒土颗粒分布曲线、SWCC 曲线图和进水值进行如下总结：

　　（1）粗粒土的进水值与颗粒分布有很好的对应关系，基本颗粒越粗，进水值越低。其进水值大小依次为碎石 < 粗砂 < 中砂 < 细砂 < 粉砂。

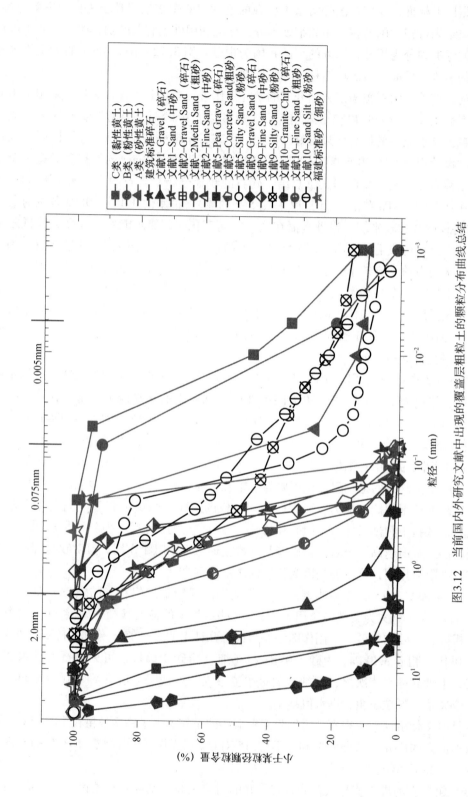

图3.12 当前国内外研究文献中出现的覆盖层粗粒土的颗粒分布曲线总结

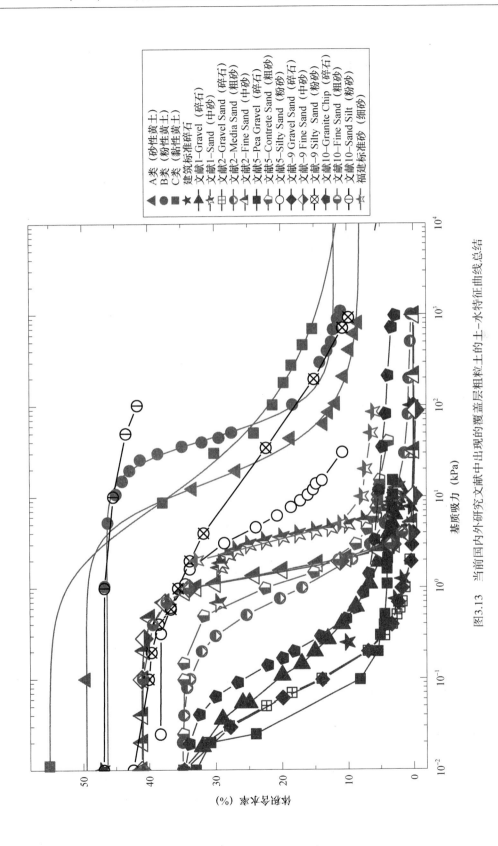

图3.13　当前国内外研究文献中出现的覆盖层粗粒土的土-水特征曲线总结

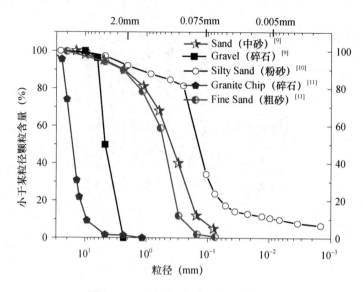

图 3.14　几种典型粗粒土的粒径分布

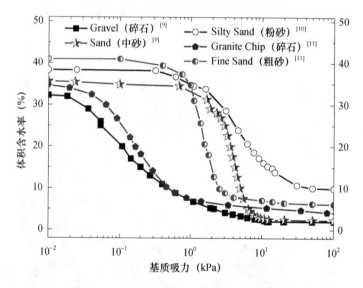

图 3.15　几种典型粗粒土的吸湿 SWCC 曲线

（2）碎石（Gravel 组）的进水值都在 1kPa 以下，具体分布为 0.1～1kPa。

（3）粗、中砂（Media/Fine Sand 组）的进水值为 1～10kPa，细砂的进水值为 10kPa 左右。

（4）粉砂（Silty Sand 组）的进水值变化较大，基本为 100kPa 以上，分布为 100～1000kPa。

（5）同一类土，级配曲线越陡（颗粒尺寸大小越均匀统一），进水值越低。

粗粒土自身的储水能力较差，渗透系数较大，不适合作土质覆盖层的储水层。但其可以通过非饱和水力特性，来影响土质覆盖层的储水能力，其中最核心的参数就是其进水值 φ_b。单一型土质覆盖层的最大储水能力一般认为是基质吸力 $\varphi_c = 33kPa$ 所对应的田

间持水率 θ_f，而毛细阻滞覆盖层的最大储水能力是基质吸力为 φ_b 时所对应的含水率 θ_b[5]，θ_f 与 θ_b 之间的含水率差值部分即毛细阻滞作用所提高的储水量（图 3.16 虚线区）。由图 3.16 可见，粗粒土为碎石、粗砂和中砂时构成的毛细阻滞作用对细粒土储水能力的增强作用依次减弱。结合图中粗粒土进水值 φ_b 的分布可见：若粗粒土粒径过小进水值大于 10kPa 时，其对细粒土储水能力的增强作用已较弱；而当粗粒土粒径过大进水值小于 1kPa，若继续增大粗粒土的粒径，其进水值已不再有显著地减小，对细粒土储水作用增强效果已不明显。因而作者建议粗粒土的进水值为宜小于 10kPa，粒径大小应控制为中砂、碎石范围。

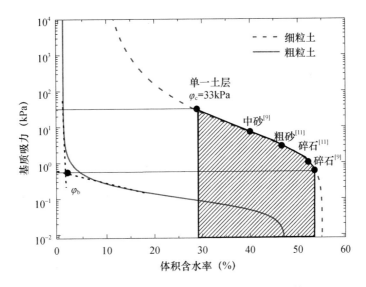

图 3.16　毛细阻滞覆盖层典型粗粒土的进水值

第4章　土质覆盖层在我国适宜性分析和初步设计厚度

土是自然界中耐久性最好的材料之一。土质腾发覆盖层主要由粉性、砂性等非胀缩性细粒土组成，降雨时段细粒土发挥储水作用将自然降雨吸纳存储，非降雨时段通过地表蒸发和植物蒸腾作用释放排空水分恢复储水能力。通过合理设计，能实现动态平衡循环，减少雨水透过覆盖层进入填埋体的渗漏量而实现防渗功能。在北美，20世纪90年代，学者Hauser提出土质腾发覆盖层后，多个学者采用不同尺度方法，对土质覆盖层进行了研究。其中，最典型的是由美国环境保护署（USEPA）组织开展的 Alternative Earthen Final Covers（AEFCs）项目。该项目总结报告中将全美分为几个部分，根据当地的气温、降雨量 P 和参考植被潜在蒸发量 PET 等气候因素推荐了替代型土质腾发覆盖层的适用范围并指出土质腾发覆盖层在美国的西部和中部等干旱和半干旱地区是有效的。如今，在北美中西部干旱和半干旱地区已有广泛的应用。

4.1　土质覆盖层水量平衡分析

土质覆盖层，不同于传统的黏土覆盖层和复合覆盖层。传统的黏土覆盖层和复合覆盖层采用低透性材料（如黏土），将水分阻隔、阻断向下运行，切断水分向下渗透运移的路径，而实现防渗功能。而土质覆盖层在长期服役过程中，像一个可调节储水能力的动态"水库"。这个水库，由具有良好储水能力的细粒土实现储水功能，由植被和表层土在自然气候条件下，通过蒸腾和蒸发作用抽吸排空储存的水分。例如，在某一场降雨条件下，通过降雨入渗的水分储存在细粒土中。当降雨完毕天气转晴的时候，通过植被和表层土，又将水分蒸腾蒸发出去。如此，通过水分的存储-释放动态循环，而实现防渗功能。

针对具体的某一场降雨，降雨首先落到覆盖层表层，部分转化为坡面径流，流向坡脚；另一部分形成降雨入渗，进入覆盖层土体的土层。这部分雨水一部分继续向下渗透运移，一部分转化为土体存储量，一部分转化为覆盖层渗漏量。因此，针对某一场具体的降雨，水分在覆盖层当中有如下平衡公式：

$$P = S + ET + P_r + R + \Delta S \tag{4.1}$$

式中，P 为自然总降雨量；S 为土层水分存储量；ET 为植被和表层土的腾发量；P_r 为水分击穿覆盖层发生的渗漏量；R 为覆盖层坡面地表径流量；ΔS 为土层存储的水分变化量或者统计误差项。

土质覆盖层的防渗设计思想，就是利用上述公式对覆盖层的渗漏量进行控制。在长期的这种气候条件下或者某一场特定降雨条件下，实现渗漏量为零。对于土质覆盖层的防渗设计，北美诸多学者进行了颇有成效的研究。研究中包括在现场进行的大尺度长期监测试验。从公式（4.1）来看，一定降雨量 P 的条件下要减小渗漏量，需土层存储量 S、水分蒸发量 ET、坡面径流量 R 和存储变化量 ΔS 较大。在这些手段中，增加土层的存储能力，加快水分的蒸发速度，效果最好。因此，目前诸多研究和工程手段集中于这两个方面。

其中采取现场的长期监测试验是比较可靠的方法。在长期监测试验中，对于某一场降雨，降雨量（P）一般采用在覆盖层旁边设置气象站或者气象信息系统，通过气象信息系统对气候（如降雨条件）的实测而获得总降雨量。土层存储量（S）在土层当中埋设体积含水率探头以及大型蒸渗仪等来测定。覆盖层表层的植被和裸土所产生的腾发量（ET）通过气象信息条件进行计算得来。坡面径流量 R 通过实测而来。土层存储变化量 ΔS 由某一气相段前后土层当中水分的含量之差进行换算得来。公式（4.1）中，渗漏量 P_r 是评价土质覆盖层防渗性能的一个关键指标。因此，可以利用式（4.1）对土质覆盖层进行评价。同时，它也反映了土质覆盖层防渗设计的思想。

4.2　土质覆盖层初步设计厚度计算方法

土质覆盖层结构和厚度设计即采取工程措施对渗漏量进行控制。从上述可见，对土质覆盖层土层存储能力和蒸腾蒸发能力进行准确的计算是防渗设计的关键。目前土质覆盖层有多种形式和结构。其中，技术比较成熟的是单一型土质覆盖层和毛细阻滞型土质覆盖层。单一型土质覆盖层由一层具有良好储水能力的细粒土和植被土植被层组成。细粒土发挥储水作用，植被层发挥蒸腾蒸发作用。毛细阻滞型土质覆盖层由一层细粒土和一层粗粒土组成。细粒土发挥储水作用；粗粒土作基础层并与细粒土构成毛细阻滞屏障，从而增加细粒土的储水能力。对于细粒土的储水能力，目前已有较多的研究。例如 Benson（1999）基于水分的存储和释放原理提出了单一型土质覆盖层的细粒土储存能力的计算方法。

单一型土质覆盖层储水能力物理模型如图 4.1 所示。从图中可见，单一型土质覆盖层细粒土的最大处理能力为田间持水量。而超过田间持水量的部分则认为重力作用下向下渗透不能稳定持有。农田水力学中将基质吸力 $\varphi = 33\text{kPa}$ 条件下的持水率定义为田间持水率 θ_c。土质覆盖层细粒土的最低持水率为植被枯萎点所对应的持水率。其认为含水量在该枯萎点含水率以下，植被就不能生成。同样，定义基质吸力 $\varphi = 1500\text{kPa}$ 所对应的含水率是植被枯萎点含水率 θ_m。在自然气候条件下，对于单一型土质覆盖层，其土层的储水能力是田间持水率 θ_c 和植被枯萎点含水率 θ_m 之差所对应的持水量。同时，该部分持水量也是植被可以利用的正常生长的持水量。根据土层厚度，由数学知识可以计算土层当中的持水量。

$$S_a = (\theta_c - \theta_m) L \tag{4.2}$$

式中，L 为覆盖层土层细粒土厚度。

式（4.2）对单一型储层的储水能力进行了计算。Benson（1999）在此基础上，综合考虑当地的气象条件，进一步提出单一型土质覆盖层的防渗设计初步方法。该观点是对某地的气象条件进行长期的分析和典型气候条件的总结。水量平衡的角度综合考虑当

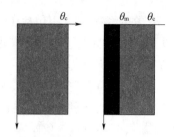

图4.1　单一型土质覆盖层总储水能力、有效储水能力和最低储水量

地近几十年典型的降雨资料，如最大降雨量、最大降雪量、植被生长期等指标。然后根据土体的水分储存能力，再结合植被的蒸腾蒸发能力而进行综合设计。其主要有以下两个步骤：

（1）收集某地长期的气象条件，重点是降雨、降雪、植被的生长等典型特征。

（2）综合考虑覆盖层土体的储水能力指标，用以上典型的降水信息指标，结合覆盖层的储水能力指标，来综合分析覆盖层的土层结构和土层厚度。

这一套设计方法共有如式（4.3）～式（4.8）六个公式，六个公式中包括四个降水指标和两个覆盖层储水能力指标：具体公式如下：

$$L_{ftw} = F_f \frac{P_{tw}}{2S_c/L} \tag{4.3}$$

$$L_{fts} = F_f \frac{P_{ts}}{2S_c/L} \tag{4.4}$$

$$L_{ctw} = F_c \frac{P_{tw}}{2S_a/L} \tag{4.5}$$

$$L_{cow} = F_c \frac{P_{ow}}{2S_a/L} \tag{4.6}$$

$$L_{cts} = F_c \frac{P_{to}}{2S_a/L} \tag{4.7}$$

$$L_{cos} = F_c \frac{P_{os}}{2S_a/L} \tag{4.8}$$

式中，P_{tw}为某地有气象条件记录的，一年之中发生的最大降水量值；P_{ts}为某地气象条件记录的，一年之中发生的年最大降雪量值；P_{ow}为某地有气象条件记录的，冬季植被非生长期（植被枯萎时间段）发生的最大降水量值；P_{os}为某地有记录的，冬季植被非生长期（植被凋零枯萎段）发生的降雪量最大值；S_c为单一土层最大水分储存量，即如前所述基质吸力$\varphi = 33kPa$条件下田间持水量；S_a为单一土层有效储水量，即如前所述田间持水率θ_c和植被枯萎点含水率θ_m之差所对应的持水量；L_{ftw}为覆盖层总储水量结合年降水量最大值计算的覆盖层初步设计厚度；L_{fts}为根据覆盖层总储水量并结合年降雪量最大值来计算的覆盖层初步设计厚度；L_{ctw}为根据覆盖层有效储水量并结合年降水量来计算的覆盖层初步设计厚度；L_{cow}为根据覆盖层有效储水量并结合年降雪量最大值而计算的覆盖层初步设计厚度；L_{cts}为覆盖层有效储水量并结合冬季植被非生长期降水量而计算的覆盖层初步设计厚度；L_{cos}为根据覆盖层有效储水量并结合冬季植被非生长期降雪量最大值而计算的覆盖层初步设计厚度。

式中的 F_f 和 F_c 与当地的气候干湿条件、类型和覆盖层所采用的土类相关。北美地区的工程经验和研究结果表明，该参数可由以下经验公式初步确定：

$$F_f = \frac{\alpha_f - \log P}{k_f} \qquad (4.9)$$

$$F_c = \frac{\alpha_c - \log P}{k_c} \qquad (4.10)$$

式中，P 为拟设计的土质覆盖层目标防渗率，美国土质覆盖层防渗性能评估项目（Alternative Cover Assessment Program，ACAP）中评价土质覆盖层的防渗效果推荐采用该标准。根据该防渗标准可见，在一些干旱和半干旱地区当干湿指数小于 0.5 时，覆盖层年渗漏水量不得超过 10mm，在湿润气候区（干湿指数大于 0.5），覆盖层年渗漏水量不得大于 30mm。详细见表 4.1。此外，式中 α_c、α_f 和 k_f、k_c 的取值，表 4.2 做了详细规定，在初步设计时可按表 4.2 采用。

表 4.1　北美地区不同气候条件土质覆盖层的目标防渗率

覆盖层的种类	年累计最大渗漏量（mm/a）	
	气候条件：干旱、半干旱气候区（$P/PET < 0.5$）	气候条件：湿润气候区（$P/PET > 0.5$）
黏土类	10	30
复合型	3	3

表 4.2　式（4.9）、式（4.10）中的 F_c 和 F_f 的取值条件

适用公式编号	参数：α_c 或 α_f	参数：k_f 或 k_c
（4.3）、（4.4）	10	8
（4.5）、（4.7）	2	2.9
（4.6）、（4.8）	3.3	3.2

式（4.3）～式（4.8）分别考察了某地多年的气象信息和具体的降水和降雪等气候指标，然后结合覆盖层的最大储水量、有效储水量等六个方面来进行考察。最后由以上六个指标计算得到的最大值作为覆盖层厚度设计值 L_p：

$$L_p = \max\left[L_{ftw},\ L_{fts},\ L_{ctw},\ L_{cow},\ L_{cts},\ L_{cos}\right] \qquad (4.11)$$

以上是单一型土质覆盖层的初步厚度设计方法，而毛细阻滞覆盖层较单一型土质覆盖层复杂，由细粒土和粗粒土双层土组成。对于毛细阻滞覆盖层的初步设计方法，也可采用式（4.3）～式（4.8）六大公式，只是毛细阻滞覆盖层细粒土的最大储存能力，较单一型土质覆盖层细粒土有较大程度的提高。在作者前期的研究当中，明确地提出了毛细阻滞覆盖层的初步设计方法。

研究和工程经验均表明，毛细阻滞作用能够有效增大覆盖层细粒土储水能力，延缓水分进入粗粒土层的时间。Craig H、Benson[20]（1999）等人认为毛细阻滞型覆盖层的储水能力较单一型土质覆盖层有较大程度的提高，其提高程度取决于粗、细粒土间的毛细阻滞作用。毛细阻滞作用发挥的上限，取决于粗粒土的进水值 φ_b 和细粒土该基质吸力条件下的储水能力。由此，毛细阻滞覆盖层中细粒土的最大储水量可以按式（4.12）进行计算：

$$S_{c} = \int_{0}^{b} \theta(z + h_{w}^{*}) \mathrm{d}z = \theta_{r}b + (\theta_{s} - \theta_{r}) \int_{0}^{b} \left\{ \left[1 + \alpha (z + h_{w}^{*})^{n} \right]^{-m} \right\} \mathrm{d}z \quad (4.12)$$

式中，S_{c} 为毛细阻滞覆盖层中细粒土的最大储水量；b 为毛细阻滞覆盖层中细粒土层厚度；z 为细粒土中某一土层距粗-细粒土交界面的高度；h_{w}^{*} 为粗粒土进水值 φ_{b} 所对应的静水压水头；θ_{s} 为细粒土饱和体积含水率；θ_{r} 为细粒土在基质吸力 1500kPa 条件下的残余体积含水率；α、n、m 等为 Van-Genuchten 模型中土-水特征曲线拟合参数。

对于毛细阻滞覆盖层、毛细阻滞作用导致细粒土储水能力增加的情况，图4.2 和表4.3进行了说明。如图4.2 所示，当由一层细粒土分别和不同粗粒土构成毛细阻滞覆盖层时，图中的 B 点、C 点和 D 点分别表示粗粒土为粗砂、中砂和碎石，而细粒土一定（我国西北的黏性黄土），分别构成毛细阻滞覆盖层时，细粒土底部的最大含水率情况；而 A 点表示仅由一层黏性黄土构成单一型土质覆盖层的田间持水率；E 点则表示细粒土（黄土）在植被可以生存条件下的最低含水率（植被枯萎点）。

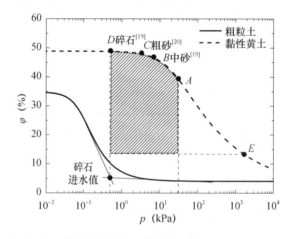

图4.2　与碎石、粗砂和中砂构成毛细阻滞作用后细-粗粒土界面处黄土体积含水率

表4.3　不同毛细阻滞覆盖层结构和单一黄土层储水能力对比

土层结构	p_{b}、p_{t}（kPa）	φ_{b}、φ_{t}（%）	S_{fo}（cm）	S_{fc}（cm）	e（%）
单一黄土	−33.0	34.6	34.6	22.5	—
中砂-黄土	−7.0、−17.0	45.1、41.1	43.2	31.1	38.2
粗砂-黄土	−3.5、−13.5	46.1、43.5	44.9	32.8	45.8
碎石-黄土	−0.5、−10.5	47.2、43.9	45.6	33.5	48.9

由图4.2可见：

（1）B 点、C 点和 D 点与 A 点进行对比，在毛细阻滞作用下，细-粗粒土界面以上黄土体积含水率有显著增加。

（2）B 点、C 点和 D 点，由中砂、粗砂到碎石的顺序（粗粒土进水值 φ_{b} 越小，细-粗粒土界面以上黄土体积含水率越高。

表 4.3 对黄土单一型土质覆盖层以及碎石、中砂和粗砂分别与黄土构成毛细阻滞覆盖层后，黄土层中的储水情况进行了计算和对比分析。表中 φ_b、φ_t 分别表示底层黄土和顶层黄土所对应的体积含水率；p_b、p_t 分别表示底层（细-粗粒土界面）和黄土顶层的基质吸力；S_{fo} 表示黄土层总储水量，同一植被维持生存的最低含水率（植被枯萎点）为最低储水量；S_{fc} 表示黄土层总储水量和最低储水量之间的差值，即有效储水量；e 表示各结构覆盖层与单一黄土层相比，有效储水量的增加情况（增加率）。可见，单一型覆盖层（当仅由一层黄土构成）的体积含水率为 34.6%；而形成毛细阻滞覆盖层后，当粗粒土分别为粗砂和中砂时，体积含水率增加至 46.1%、45.2%；当粗粒土为碎石时黄土层含水率最大，为 47.2%。可见，毛细阻滞型覆盖层与单一型黄土覆盖层相比，储水能力有较大程度的提高。其中，有效储水量增加 38.2% ~48.9%；总储水量增加 24.9% ~31.8%。此外，由不同进水值的粗粒土构成毛细阻滞覆盖层时，粗粒土进水值越小，细-粗粒土界面以上黄土含水率越高，储水能力提高越明显。

笔者前期的研究中[57,71]，根据毛细阻滞覆盖层中粗粒土的储水能力对 Chen 提出的单一型土质覆盖层初步设计厚度的确定方法进行改进，用于评估毛细阻滞型覆盖层。毛细阻滞覆盖层渗漏时刻，细粒土总储水量 S_{fo} 可通过细粒土层底部基质吸力达到粗粒土进水值 p_b 时含水率与厚度的积分而计算；同样，与单一型土质覆盖层类似，细粒土有效储水量 S_{fc} 是渗漏时刻总储水量 S_{fo} 与枯萎点含水量之间的差值部分。如前节所述，与单一型土质覆盖层类似，考虑四种极端气候条件 [P_{tw} 为某地有气象条件记录的，一年之中发生的降水量最大值；P_{ts} 为某地气象条件记录的，一年之中发生的年降雪量最大值；P_{owmax} 为某地有气象条件记录的，冬季植被非生长期（植被枯萎时间段）发生的降水量最大值；P_{os} 为某地有记录的，冬季植被非生长期（植被枯萎时间段）发生的降雪量最大值] 和土体的两个储水能力指标（有效储水能力 S_{fc}、渗漏时刻总储水能力 S_{fo}），按式（4.13）~式（4.18）确定覆盖层的初步设计厚度：

$$L_{ftw} = F_f \frac{P_{twmax}}{2S_{fo}/L} \tag{4.13}$$

$$L_{fts} = F_f \frac{P_{tsmax}}{2S_{fo}/L} \tag{4.14}$$

$$L_{ctw} = F_f \frac{P_{twmax}}{2S_{fc}/L} \tag{4.15}$$

$$L_{cts} = F_c \frac{P_{tsmax}}{2S_{fc}/L} \tag{4.16}$$

$$L_{cow} = F_c \frac{P_{owmax}}{2S_{fc}/L} \tag{4.17}$$

$$L_{cos} = F_c \frac{P_{osmax}}{2S_{fc}/L} \tag{4.18}$$

式中，P_{twmax} 为某地有记录的年降水量最大值；P_{tsmax} 为某地有记录的年降雪量最大值；P_{owmax} 为某地有记录的冬季植被非生长期降水量最大值；P_{osmax} 为某地有记录的冬季植被非生长期降雪量最大值；S_{fo} 为渗漏时刻，毛细阻滞覆盖层中细粒土的最大总储水量；S_{fc} 为细粒土的最大有效储水量；L_{ftw} 和 L_{fts} 分别为根据覆盖层总储水量并分别结合年降水量和年降雪量最大值来计算考查的覆盖层厚度；L_{ctw} 和 L_{cow} 为根据覆盖层有效储水量并分别结合年降水量、年降雪量最大值而考查的覆盖层厚度；L_{cts} 和 L_{cos} 为根据覆盖层有效储水量并分别结合冬季植被非生长期降水量和降雪量最大值而考查的覆盖层厚度；F_f 和 F_c 与当地的气候类型和覆盖层种类相关，同单一型土质覆盖层；其他参数详见詹良通、焦卫国等[15]前期的文献。

以上是单一型土质覆盖层和毛细阻滞覆盖层的厚度初步设计方法。目前对于土质覆盖层，无论是单一型覆盖层还是毛细阻滞覆盖层设计而言，国内已有较多的学术研究，但还未见有工程实际应用案例和详细的设计公式及明确的设计参数。本书公布的上述厚度初步设计方法，是从北美地区引入，其以土质覆盖层储水能力为基本理论，综合考虑一个地区的气象条件分析而来。从公式的物理意义来看，意义明确，但其中不乏有经验参数，这些经验参数均是从北美地区引入而来，缺乏针对我国当地实际气候条件的气候参数。因此公式的实用性还需要进一步的研究和考虑。在笔者后期的研究中，将进一步结合我国各地气候条件讨论其中的气候参数和经验参数。

4.3　我国典型地区气候分析

北美地区的研究表明，土质覆盖层在北美的中西部干旱和半干旱地区具有广泛的适用性，而在北美东部较湿润地区，防渗效果则要具体问题具体分析。其中在中东部和中北部地区，防渗效果较差，主要是因为在这些地区气候湿润且冬季降雨较多，植被凋零，覆盖层不能将冬季发生的降雨进行及时排空而发生渗漏。

我国有诸多学者对土质覆盖层进行了研究，如焦卫国、詹良通等人的研究表明：我国西北地区气候普遍较干旱，黄土分布广泛，就地取材采用黄土作土质覆盖层具有技术可行性和良好的经济性。当前，国内有许多学者对毛细阻滞覆盖层进行了研究。此外，赵慧、陆海军、Ng、邓林恒等通过室内模型与数值分析相结合的方法在我国的中、东部湿润气候区（如武汉、杭州和苏州以及上海等地）对毛细阻滞覆盖层也进行了研究。从这些人的研究结果看，土质覆盖层在我国西北较干旱的黄土分布区具有非常好的气候适宜性和经济条件。在我国东部地区，如杭州、上海、苏州等地可能要采用结构更复杂的覆盖层，如在土层中添加非饱和导排层等。由于在我国东部地区还缺乏研究数据和更多的研究结论，因此本书重点分析的已有研究结果适合采用土质覆盖层的西北地区。

我国降水量的总趋势是东多西少。从浙江、福建、广东等东南沿海地区向西北内陆（如青海、甘肃、新疆等地）逐渐降低。干旱少雨是西北地区显著的气候特征。根据我国气温降雨带的分布，1600mm 等降水量线大致穿过我国东部、东南部（如浙江、江西、广东和广西等地）；800mm 等降水量线穿过我国的江苏、山东、河南、安徽、湖北、陕西、四川、西藏等省区，通过西安附近的秦岭、淮河附近；400mm 等降水量线大致通过内蒙古、黑龙江、吉林、河北、山西、青海、西藏等省区，横穿大兴安岭、兰州市、拉萨市等；200mm 等降水量线大致通过内蒙古、宁夏、甘肃、青海、西藏等省区，即西北内陆地区年降水量多在 200mm 以下。黄土高原区西北五省区从西到东依次为干旱、半干旱、半湿润气候区，年降雨量为400~800mm。在这些广大的西北地区中，银川、兰州和西安分别是宁夏、甘肃和陕西的省会和自治区政府所在地，是西北三个典型气候区较大的城市，这三个城市从西到东依次为干旱、半干旱、半湿润气候区。

银川市位于我国西北内陆地区黄土高原偏北，地理坐标位于北纬37°~38°，东经105°~106°5。地形上东临黄河，西倚贺兰山，是典型的大陆性干旱气候。从国家气象网统计的数据来看，银川市多年年平均降水量 P 约200mm，年均潜在蒸发量 PET 约1100mm，反映气候干湿条件的指数（降水量比潜在蒸发量） P/PET 为0.2~0.5。图4.3统计了银川市1950—2000年50年的降水量分布情况（统计数据源于我国国家气象信息共享网）。由图中可见：50年中，银川市年降雨日数约40天，多年的年均降水量约186.7mm。1950—2000年50年中最大的丰水年为1961年，年降水量最大值为354.5mm。图4.4显示了银川市50年中具体某一年（2008年）之内的日降雨详细情况。2008年，银川市降水量年内随时间分配不均，累计年降水量194.9mm，且从时间上来看具有明显的季节性差异。其中晚春、夏、秋季降雨较多，约占年累计降水总量的70%；初春、冬季和秋末降雨稀少，约占全年降水量的25%。

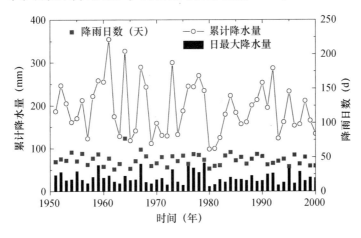

图4.3 1950—2000年银川市降雨特征统计图

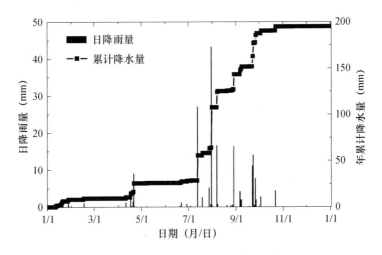

图4.4 银川市2008年日降水分布

兰州市深居我国黄土高原以西，是我国400mm降水量边界线，降雨较黄土高原其他城市相对稀少，年降水量 P 约350mm。年均温度约6.8℃，参考植被潜在蒸发量 PET 为600～700mm，湿润指数 P/PET 为0.5～1.0，属于半干旱气候。图4.5是1950—2005年兰州市年降雨统计图，可见兰州市年降雨量约350mm，历史记录降雨量最大值是1978年的546.7mm，最大冬季降水量为1989年的13.6mm，年最大降雪量发生于1976年，达到19.5mm。平均多年年累计降雨日约70天，年内最大日降水量为20～30mm。表4.4是1951—2005年兰州市雨量谱降雨类型平均特征表，统计表明，兰州平均年降水量为314.0mm，年总降水日数平均为75.5d。小雨占年降水总量的比率为46.9%，降雨日数比为87.5%；中雨占总降水量的37.2%；降雨日数比为10.5%；大雨占总降水量的13.7%，降雨日数比为1.7%；暴雨降水日数占总降水日数的比率仅为0.1%。

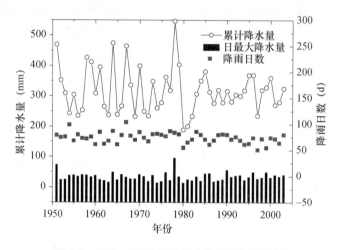

图4.5 1950—2005年兰州市降雨特征统计图

表4.4 1951—2005年兰州市雨量谱降雨类型平均特征表

雨强（mm/d）	年均降雨量（mm）	比值（%）	降雨日数（d）	降雨日比（%）
小雨 < 10.0	147.2	46.9	66.1	87.5
中雨 < 25.0	116.8	37.2	7.9	10.5
大雨 < 50.0	43.1	13.7	1.3	1.7
暴雨 > 50.0	6.9	2.2	0.1	0.1
累计	314.0	100	75.5	100

西安市位于我国西北黄土高原的东南方向，是我国800mm降水量边界线，年降水量 P 约500mm，降雨较黄土高原其他城市相对较多。1月份最冷，平均气温 -0.5～1.3℃；7月份最热，平均气温26.3℃，湿润指数为0.60～0.83。图4.6是我国西安市1950年到2005年多年的降雨数据统计图，可见西安市年均降雨在550mm左右，历史记录最大年降雨量值发生于1983年，年累计降雨量903.2mm。最大冬季降水量为68.4mm。多年平均累计降雨日数约90天，最大值是发生于1967年的105天，多年平均日最大降雨量约50mm。图4.7是西安2008年的日降雨分布图，可见西安降雨多集中

在 5—9 月，其中有三次日降雨量超过 35mm，冬季 11 月、12 月和 1 月降雨稀少，统计表明年累计平均值约 20mm。

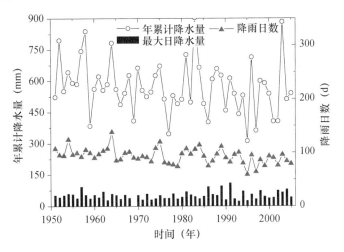

图 4.6　西安市 1950—2005 年年降水特征值

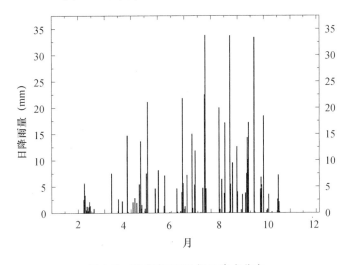

图 4.7　西安市 2008 年日降水分布

王毅荣（2004，2005，2011）、李智才等（2005）、姚玉璧（2004）、王锡稳（2007）和张莉娅等（2014）诸多学者对我国西北地区气候条件，就植被生长期进行了相关性研究。在这些研究区域中，有的以黄土高原为对象，有的以西北局部某地区或城市为对象。学者的研究表明：在西北地区每一年的 4—10 月是当地农作物和植被主要生长期。在这个时间段内，植被生长茂盛，蒸腾蒸发速度快。而当年的 11 月至下一年的 3 月份，因降雨较少、温度较低、日照时间短，大多数的非常绿性植被处于凋零状态，停止生长。该时间段是植被非生长期。图 4.8 是我国西北干旱、半干旱和半湿润气候区的三个典型城市银川、兰州和西安 1950—2000 年，当年 11 月至下一年 3 月份植被非生长期的降水量统计图。可见西安市 1950—2000 年植被非生长期累计降水量为 50 ~ 80mm，占全年降水量的 10% ~ 16%，年总最大降水量极值为 1958 年，累计降水量达到

155.3mm。兰州市1950—2000年植被非生长期内降水量20~40mm，占全年总降水量的6%~12%，年总最大降水量极值为1977年，该年降水量达46.5mm。银川地区1950—2000年植被非生长期降水量15~30mm，占该年总降水量累计值的8%~15%，年总最大降水量极值为1989年，达到48.2mm。由以上统计可见，我国西北这三个城市冬季植被非生长期年累计降水量均较少。上述我国西北地区三个气候区的典型城市银川、兰州和西安的降水特征统计值见表4.5。由表中总结的数据可见：

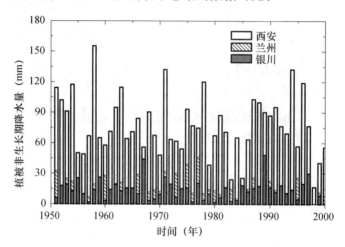

图4.8　我国西北三个气候区典型城市（银川、兰州和西安）
植被非生长期累计降水量（1950—2000年）

表4.5　我国西北三个气候区典型城市（银川、兰州和西安）（1950—2000年）降水特征要素指标统计

降水特征要素指标	干旱气候 （银川为例）	半干旱气候 （兰州为例）	半湿润气候 （西安为例）
年降雪量极大值 P_{ts} *	72.3 *	69.8 *	232.9 *
年降水量极大值 P_{tw}	354.5	546.7	903.2
植被非生长期内降雪量极大值 P_{os}	48.2	46.5	155.3
植被非生长期内降水量极大值 P_{ow}	48.2	46.5	155.3
气候干湿指数 P/PET	0.2~0.5	0.5~0.8	0.5~1.0

*该值未在气候指标里查阅统计到，为估计值。估计方法：根据该地一年中降雪期长短，按植被非生长期内最大降雪量累计值的1.5倍估算。

（1）我国西北以黄土高原为中心的广大黄土分布区，夏季降雨量大，气温高的同时伴随植被茂盛，蒸腾蒸发作用强烈，雨热同期。

（2）当年11月至下一年3月份为植被非生长期，几乎与冬季重合。此时降雨量较少、气温低，大多数常绿植被凋零。蒸腾蒸发作用弱的同时降水也较少。

由以上可见：我国西北地区植被生长、降水分布和腾发作用三者的高峰期有较好的同步对应关系，这无疑有助于土质覆盖层中水分的存储和释放，极大地减轻了冬季因植被凋零土质覆盖层腾发作用较弱而不能及时释放水分的问题。

4.4　我国典型地区（西北地区）土质覆盖层厚度和结构

如前所述，Chen[23]、Khire[34-36,41]等根据土体的持水能力提出在干旱、半干旱气候条件下，单一腾发性土质覆盖层厚度的初步确定方法。笔者根据毛细阻滞覆盖层的最大储水能力，借鉴 Chen 的方法提出了毛细阻滞覆盖层的厚度和结构初步设计方法。现用上述方法分析单一型土质覆盖层和毛细阻滞覆盖层在我国典型地区的初步计算厚度。鉴于我国东部沿海等地区土质覆盖层的实用性还有待进一步研究，而西北地区则普遍适用，故下面以西北地区为例分析。

上一节讲到西北地区气候普遍较干旱，主要为半湿润、半干旱和干旱气候。下面就以西北地区位于半湿润气候区的西安、半干旱气候区的兰州、干旱气候区的银川为例进行分析，计算方法同前。计算中所用的土料分别采用西安、兰州和银川本地的黄土进行分析。三个地区黄土土料参数、吸湿土水特征曲线——SWCC 曲线见本书第 3 章第3.2 节。

首先以位于半湿润地区的西安为例介绍单一型土质覆盖层分析和计算过程。西安地区为半湿润气候，采用当地较多的 C 类（黏性黄土）作单一型土质覆盖层，各个设计控制指标见表 4.6。

表 4.6　西安地区单一型黄土覆盖层设计厚度控制指标（m）

计算公式	(4.13)	(4.14)	(4.15)	(4.16)	(4.17)	(4.18)
计算指标	L_{ftw}	L_{fts}	L_{ctw}	L_{cow}	L_{cts}	L_{cos}
厚度	1.45	小于 1.45	0.38	0.21	小于 0.38	小于 0.21

由上面计算结果可见：西安地区，若采用当地的黏性黄土作单一黄土覆盖层，厚度控制涉及的六个计算指标中，厚度初步计算值最大的为指标 4.14（50 年内年降雨极大值）所考虑的情况，而其他计算结果均小于该值，不能构成厚度设计控制性指标，故其厚度初步取值 1.45m。根据上述计算方法和思想，同样分析西北地区其他地方单一型土质覆盖层的初步设计厚度，详细见表 4.7。

表 4.7　西北代表城市单一型黄土覆盖层初步设计厚度 L_p（m）

黄土种类	干旱气候区（以银川市为例）	半干旱气候区（以兰州市为例）	半湿润气候区（以西安市为例）
砂性黄土	0.78（建议）	1.23	1.92
粉性黄土	0.53	0.86（建议）	1.33
黏性黄土	0.54	0.93	1.45（建议）

以上分别计算了西北三个气候区典型城市单一型土质覆盖层的初步设计厚度。由计算结果可见，西北地区采用当地的黄土作单一型土质覆盖层，初步设计厚度为 0.54 ~1.92m。从银川到兰州再到西安，随着气候的湿润，覆盖层厚度逐渐增厚。表 4.7 中用了西北地区多见的三类黄土［A 类（砂性黄土）、B 类（粉性黄土）和 C 类（黏性黄土）］分别分析。根据前人的研究，西北地区黄土的粒径并不是统一的，由北向南、由

西向东，粒径逐渐变小，由银川的 A 类（砂性黄土），过渡到兰州的 B 类（粉性黄土），再过渡到西安的 C 类（黏性黄土）。但这三类黄土在西北地区的分布并不是统一的和均衡的，如在西安地区主要为黏性黄土，兰州地区主要为粉性黄土，而银川地区主要为砂性黄土。因此表 4.7 中对各个地区采用不同的黄土类型进行了建议。如在西安地区，黏性黄土比较多，而粉性黄土和砂性黄土则比较少，当填埋场选址确定的时候，可能黏性黄土条件和取土费用会比粉性黄土和砂性黄土低得多，因而具有较好的经济效益。

同样，可以根据上述思想和方法分析西北地区毛细阻滞覆盖层的初步设计厚度。基于文献中总结的西北气候数据和三类黄土的持水特性数据，利用前述方法可对西北地区毛细阻滞覆盖层初步设计厚度进行分析。选取西北地区三个不同气候区的代表性城市（银川—干旱气候区、兰州—半干旱气候区和西安—半湿润气候区），分析毛细阻滞型覆盖层的初步设计厚度，以进一步探讨其可行性和经济性。表 4.8 首先选择了西北地区相对较湿润的西安。西安地区主要以黏性黄土为主且为半湿润气候，若采用当地较多的黏性黄土作毛细阻滞覆盖层细粒土，采用文献中粒径分布为 2～4cm 的碎石（我国建筑业常见的"2—4 碎石"）作覆盖层粗粒土，其厚度计算结果见表 4.8。

表 4.8　西安黏性黄土-碎石毛细阻滞覆盖层厚度计算指标

计算公式	(4.13)	(4.14)	(4.15)	(4.16)	(4.17)	(4.18)
计算指标	L_{ftw}	L_{fts}	L_{ctw}	L_{cts}	L_{cow}	L_{cos}
毛细阻滞覆盖层厚度（m）	1.10	小于 1.10	0.20	小于 0.21	0.11	小于 0.11

由表可见，上述计算值中最大的为公式（4.3）所考虑的西安市 50 年年降水量极大值 L_{ftw} 计算结果，其对应的厚度值作为初步设计值。公式（4.4）～（4.8）分别考虑了年降雪量最大值和植被非生长期降雪量最大值，但这些指标在我国西北的气候条件下不构成设计控制条件。故西北地区如西安，采用黏性黄土-碎石作毛细阻滞覆盖层，厚度初步计算值为 1.10m。

以上仅计算了西安地区采用黏性黄土作细粒土、碎石作粗粒土条件下毛细阻滞覆盖层的初步设计厚度。然而以上计算是不充分的。一方面，虽然西安位于 C 类地区以黏性黄土为主，但也存在砂性和粉性黄土，考虑到有些填埋场砂性或粉性黄土取土条件可能优于黏性黄土，因此有必要进一步分析采用砂性或粉性黄土作覆盖层细粒土的情况；另一方面，以上分析中仅考虑了一种颗粒较大、进水值较低的碎石作粗粒土，而实际工程中有可能会出现颗粒较细的粗砂和中砂等土料较丰富的情况，因此有必要考虑粗粒土采用粗砂和中砂时毛细阻滞覆盖层的厚度。表 4.9 计算了西安地区细粒土分别采用砂性、粉性和黏性黄土，粗粒土分别采用碎石、粗砂和中砂时毛细阻滞覆盖层的厚度。

表 4.9　西安毛细阻滞黄土覆盖层设计厚度计算值 L_p（m）

粗粒土	碎石	碎石	粗砂	中砂	单一型
砂性黄土	1.16	1.17	1.32	1.56	1.92
粉性黄土	1.05	1.05	1.06	1.08	1.33
黏性黄土	1.15	1.16	1.28	1.40	1.45

由计算结果可见：西安地区的毛细阻滞覆盖层设计厚度为 1.05～1.56m。当细粒土一定（如黏性黄土），粗粒土采用碎石[11]时覆盖层厚度最薄为 1.15m；粗砂次之，为 1.28m；而中砂最厚，为 1.40m。这表明虽然粗粒土的储水能力较差，但其进水值的高低能对毛细阻滞作用产生影响；进水值越低，毛细阻滞作用越强，细粒土储水能力提高越明显，因而覆盖层厚度越薄。当粗粒土一定（如粗砂），细粒土采用粉性黄土时覆盖层厚度最薄为 1.06m；黏性黄土次之，为 1.28m；而砂性黄土最厚，为 1.32m。这表明细粒土的种类对覆盖层厚度也有较大影响。以上分析计算表明，粗、细粒土两者的水力学特性均对毛细阻滞覆盖层的厚度产生影响，其厚度由所采用两类土的水力性质共同决定。与文献中西安地区采用这三类黄土作单一型土质覆盖层的厚度相比，由于毛细阻滞作用对细粒土储水能力的增强，其设计厚度较单一型土质覆盖层有着明显的减小，降低了黄土用量。

对其余两个气候区的代表性城市（银川和兰州）也进行了类似分析，表 4.10 和表 4.11 分别列出了计算结果。由表可见，兰州和银川毛细阻滞覆盖层细粒土厚度分别为 0.68～0.90m 和 0.42～0.56m；而文献中单一型土质覆盖层两地厚度分别为 0.93～1.23m 和 0.54～0.78m，可见毛细阻滞覆盖层的厚度要明显小于单一型土质覆盖层。此外，银川地区覆盖层厚度较兰州地区要薄一些，这与银川地区属于干旱气候，降雨量较少而兰州市属于半干旱气候，降雨量稍多的气候差别有关。

表 4.10　兰州地区毛细阻滞黄土覆盖层设计厚度计算值 L_p（m）

粗粒土	碎石	碎石	粗砂	中砂	单一型
砂性黄土	0.68	0.69	0.76	0.90	1.23
粉性黄土	0.67	0.67	0.68	0.68	0.86
黏性黄土	0.68	0.69	0.78	0.86	0.93

表 4.11　银川地区毛细阻滞黄土覆盖层设计厚度计算值 L_p（m）

粗粒土	碎石	碎石	粗砂	中砂	单一型
砂性黄土	0.42	0.43	0.47	0.56	0.78
粉性黄土	0.44	0.44	0.44	0.44	0.53
黏性黄土	0.42	0.43	0.48	0.53	0.54

此外，由上面三个气候区典型城市的分析结果可见，无论是西安、兰州还是银川，当细粒土为 B 类（粉性黄土）时，粗粒土种类对覆盖层厚度影响不大，这与 B 类黄土的持水特性有关系。从 B 类土（粉性黄土）的持水曲线形态来看，当基质吸力较低时体积含水率随基质吸力的变化较小，两者近似呈一水平直线。当分别采用碎石、碎石、粗砂和中砂作粗粒土构建毛细阻滞覆盖层，黄土基质吸力达到粗粒土的进水值 φ_b 时（该值分别为 0.6kPa、1.0kPa、3.5kPa 和 7.0kPa），B 类土（粉性黄土）的体积含水率分别为 46.31%、46.31%、46.27% 和 46.06%。含水率差别较小，因而细粒土厚度变化较小。这表明毛细阻滞作用对细粒土储水能力的增强效果不仅仅由粗粒土进水值 φ_b 决定，还与细粒土土水特征曲线的形态有关，这进一步验证了毛细阻滞覆盖层的厚度由

所采用的粗细两类土的水力性质共同决定。

三个气候区不同粗、细粒土分析结果表明：黄土毛细阻滞覆盖层设计厚度与粗、细粒土两者的持水特性和当地气候条件密切相关。同一个地区当粗粒土一定时，细粒土采用粉性黄土时覆盖层最薄，而砂性和黏性黄土则稍厚，这表明粉性黄土的储水性能较优，而砂性和黏性黄土稍差。同时，在一个地区当细粒土一定粗粒土采用碎石时，覆盖层厚度最薄，粗砂次之，中砂最厚，这表明碎石与黄土构建的毛细阻滞作用较强，防渗性能更优。

综上所述，西北地区在取土条件允许的情况下，细粒土宜选择储水性能较优的粉性黄土，粗粒土宜选用进水值低较的碎石。以上毛细阻滞覆盖层初步设计厚度值与北美中西部非湿润地区实际采用的同类土质覆盖层厚度相当，从覆盖层土料来源上看，造价明显低于我国规范推荐的复合型覆盖层，可见西北地区采用当地的黄土作毛细阻滞覆盖层具有良好的适用性和经济性。

第5章 土质覆盖层工程现场研究试验基地的建设

目前，尽管有诸多学者对土质覆盖层开展了颇有成效的研究，但在工程实际应用和现场试验方面的案例比较少。众所周知，实验室和工程现场应用的气候条件、力学环境、服役情况等会有诸多的不同。因此，有必要在现场对土质覆盖层进行研究、验证和案例分析。本章是笔者前期的研究，即在我国西北地区相对较湿润的半湿润地区——陕西省西安市，结合西安市江村沟垃圾填埋场覆盖工程，在江村沟垃圾填埋场建造了国内首个现场大尺寸黄土-碎石毛细阻滞覆盖层试验基地，基地试验覆盖层尺寸20m×30m，现场设置了小型气象站，并在试验覆盖层内埋设了水分测试探头、张力计、温度传感器、渗漏收集系统、坡面径流收集系统；在现场进行了一系列极端降雨、长期监测等研究性试验。测试了黄土覆盖层基质吸力、运移特性和各水量分配；分析了填埋场现场尺度黄土覆盖层的储水特性；验证并评估了黄土-碎石毛细阻滞覆盖层的理论和实际储水能力，为土质覆盖层在我国西北地区的应用提供数据支撑和经验分享。下面将对该现场研究、验证性试验进行详细阐述。

5.1 试验填埋场（西安江村沟）现状与概况

江村沟填埋场是西安市最大的垃圾处理场，位于灞桥区狄寨乡，距市中心16km，占地1100多亩①，总容积达4900多万 m³。填埋场自1995年开始投入使用，生活垃圾日处理量已从最初的1260t增加至6500t左右，2012年夏日处理量约8000t。填埋场库底标高498~546m，库底坡度3.52%~15.7%，堆体边坡坡度1：3，现有坡高70~80m，最终设计填埋高度120m，是国内实际填埋高度最大的填埋场之一。该卫生填埋场的建成使用极大地缓解了西安市城市生活垃圾处理、处置问题，为西安市环境卫生的改善发挥了巨大的作用（图5.1）。

场内较早时间填埋的单元已做好终场封顶覆盖，这部分位于填埋场下游的边坡区，该区域有1~7级台阶分布。填埋场覆盖层结构因填埋单元施工完成时间不同而有所变化，主要为黄土层与卵石层相间组合而成，局部设有土工膜存在。覆盖层从上至下依次为：第一层，黄土层（厚30~50cm）；第二层，卵石层（30cm）；第三层，黄土层（50~80cm）。各台阶覆盖层表层的结构具体如图5.2所示。覆盖层的植被为黑麦草、苜蓿和滋生的杂草。各台阶的植被生长情况：1~5级生长良好，如图5.3所示。

---

① 1亩=666.7m²。

图 5.1　西安江村沟垃圾填埋场部分填埋区近况

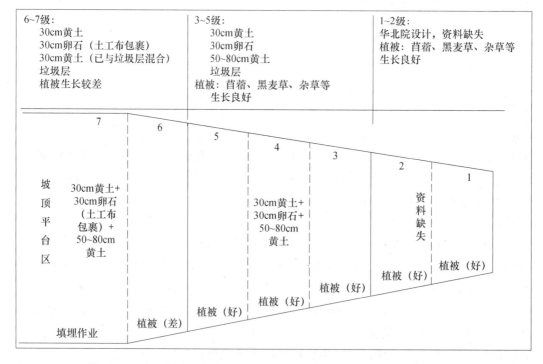

图 5.2　西安江村沟垃圾填埋场各台阶临时覆盖层植被生长和土层结构图

图 5.3　西安江村沟垃圾填埋场覆盖层植被生长现状

5.2　江村沟填埋场土质覆盖层极端降雨试验方案总体设计

5.2.1　方案总体规划

在填埋场构建如图 5.4 所示的一覆盖层防渗单元。该单元虽然位于覆盖层内,但其通过上下土梁围堰、HDPE 膜等切断其与周围覆盖层的水力联系,形成一个独立的覆盖层防渗单元,单元长 30m、宽 20m;核心测试区域为长 24m、宽 10.0m,两边边缘预留 5.0m 的过渡区。在覆盖层表层边坡顶部设一土围堰将上游坡面径流拦截,边坡底部设置一土梁并在土梁底部埋设 PVC 管收集单元内坡面径流,在覆盖层土体底部(设有 HDPE 膜)坡脚设置一土梁收集渗漏量。分别在防渗单元的边坡坡顶、边坡坡中和边坡坡脚处三个剖面埋设温度、含水率、张力计等测试传感器,对覆盖层中的温度、含水率和基质吸力等开展测试。

江村沟垃圾填埋场土质覆盖层极端降雨和长期监测试验有四个目的:

(1) 获得土质覆盖层的现场测试数据和水文评估模型,研究覆盖层细粒土土体在极端降雨过程中的响应规律。

(2) 研究土质覆盖层在极端降雨条件下水量的分配,获得土质覆盖层的最大储水量。

(3) 获得土质替代型覆盖层导致渗漏出现的流量特征和关键气象段,研究渗漏事件中土质覆盖层在渗漏时间点的土层内部基质吸力、含水率等的分布和特征。

(4) 通过长期监测试验评估土质覆盖层在长期服役过程中的防渗效果。

为实现以上试验目的,设置以下测试项目:

(1) 气候条件:降雨量、降雪量、风速、气温、太阳净辐射和空气相对湿度。

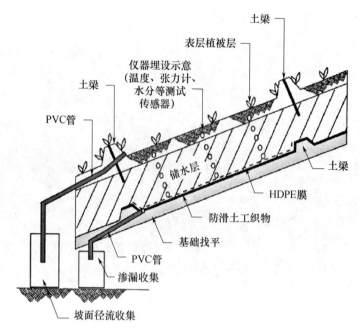

图5.4　西安江村沟垃圾填埋场现场覆盖层测试单元物理模型图

（2）土质覆盖层水量分配：坡面径流量、土层存储量、渗漏量。

（3）覆盖层土层土性包括：基质吸力、温度和体积含水率。

（4）覆盖层典型植被参数：根系深度、叶面积指数。

（5）土质覆盖层结构劣化观测：干湿交替后黄土的开裂、冷暖循环后黄土的冻融。

　　在西安土质覆盖层试验基地现场进行九个大试验，通过这九个试验分别对土质覆盖层的水、气、水气二相和甲烷氧化除臭等问题进行研究。鉴于本书中关注内容为覆盖层中水的问题，本书重点介绍在现场覆盖层进行的极端降雨试验和长期监测试验。试验流程详细如图5.5所示。

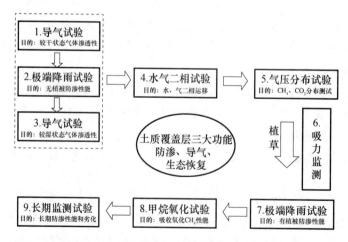

图5.5　西安江村沟垃圾填埋场土质覆盖层现场试验项目和流程

5.2.2 覆盖层试验区结构、尺寸和仪器埋设布置

1. 覆盖层试验区尺寸的确定

根据北美地区前人在填埋场现场开展的大尺度覆盖层试验，对其中的文献相关试验覆盖层尺寸的总结（表 5.1），确定现场试验区长 30m、宽 20m，中间设立长 24m、宽 10m 的核心测试区域，边缘一边设立 5m 的过渡区。

表 5.1 覆盖层现场监测试验总结表

研究者和地区	尺寸	研究目的
美国 EPA 主持的 ACAP	21 个填埋场尺寸，长×宽：20m×10m	1. 获得土质覆盖层现场参数、水文计算模型 2. 获得现场水力特性和服役性能作为设计指导
美国 Sandia National Laboratories（桑迪亚国家实验室）	6 个测试单元尺寸，长×宽：100m×13m（实为 50m×13m）	1. 获得土质覆盖层现场参数、水文计算模型 2. 新型土质覆盖层和传统标准覆盖层对比
加拿大	4 个测试单元尺寸，长×宽：60m×20m	1. 获得新型土质覆盖层的流量特征、各水量分布情况 2. 评估土质覆盖层长期防渗服役性能，指导设计
欧洲（德国）	长×宽：20m×13m	1. 研究土质覆盖层水量分配特征 2. 黏土覆盖层开裂前后防渗性能的变化

2. 细粒土层-核心储水黄土层厚度确定

毛细阻滞覆盖层中粗粒土主要为细粒土构建毛细阻滞屏障，充当基础层且防止不均匀沉降对细粒土层结构的破坏并兼作导气层收集和扩散填埋气等。前人研究多采用碎石、粗砂以及中砂等作粗粒土。Benson 等研究建议粗粒土的粒径不宜过大，因过大的粒径会使细粒土层落入粗粒土中而导致构建毛细阻滞作用失败。Huser 等人以数值模拟和室内试验相互结合的方法分别采用了中砂和碎石作毛细阻滞覆盖层粗粒土的情况研究了其对储水性能的影响。研究表明，碎石能够更大限度地提高上层细粒土的储水能力，而中砂对储水能力的提高程度相对碎石则较弱。Hong Yang、H. Rahardjo 于 2004 年分别研究了结构为细砂-中砂、中砂-碎石、细砂-碎石（细粒土在前，粗粒土在后）的三种毛细阻滞覆盖层，以讨论不同粗细粒土组合形成的毛细阻滞作用对储水能力提高的程度。结果表明：中砂因粒径与上部细粒土差别较小，进水值较高，毛细阻滞作用不明显。在细粒土同为细砂时，粗粒土为碎石的毛细阻滞作用要强于粗粒土为中砂的情况。文章通过对基质吸力和体积含水率的测量发现前者细粒土（细砂中）的含水率更高，储水能力更大。H. Rahardjo 于 2012 年进行了大尺寸现场试验，试验中研究测试了碎石、粗砂和粉砂等三种粗粒土的进水值。测试结果表明，粗粒土粒径越小，进水值越高；碎石、粗砂能与细粒土形成毛细阻滞作用而粉砂的进水值比较高，与细粒土已不能构成毛细阻滞作用。图 5.6、图 5.7 是文献 [1-11] 里出现的试图用于作毛细阻滞覆盖层粗粒土土料的颗粒分布曲线和吸湿过程的土水特征曲线（图例中英文为文献中所用名称，中文为根据我国土类标准划分的名称）。这些粗粒土料的最大粒径为 2~4cm，土料类别有碎石、粗砂、中砂和粉砂等。

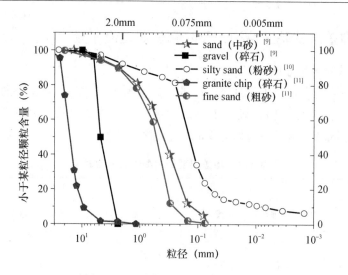

图 5.6　几种典型粗粒土的粒径分布

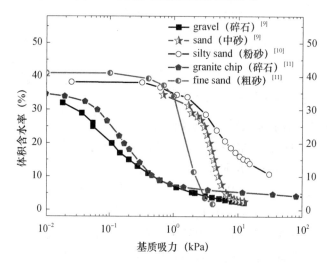

图 5.7　几种典型粗粒土的吸湿 SWCC 曲线

图 5.7 中典型粗粒土的进水值 φ_b 采用文献推荐的作图法求得碎石、碎石、粗砂、中砂和细砂的进水值 φ_b 分别为 0.6kPa、1.0kPa、3.5kPa、7.0kPa 和 350kPa。可见碎石的进水值最小，粗、中砂的进水值次之，而细砂的进水值较大；进水值与颗粒分布有很好的对应关系，颗粒越粗，进水值越低。Albright W H、Benson[11] 认为单一型土质覆盖层储水能力上限是基质吸力 $\varphi_c = 33$kPa 所对应的田间持水率 θ_f，而毛细阻滞覆盖层对细粒土储水能力增强后为 φ_b 时所对应的含水率 θ_b，则 θ_f 与 θ_b 之间的含水率差值为毛细阻滞作用所提高的储水量（图 5.8 虚线区）。由图 5.8 可见，粗粒土为碎石、粗砂以及中砂时构成的毛细阻滞作用对细粒土储水能力增强效果依次减弱，结合图中各粗粒土 φ_b 值的分布，笔者认为粗粒土的粒径大小应控制在中砂～碎石范围。当粗粒土粒径过小，其进水值在基质吸力 10kPa 以上时对细粒土储水能力的增强作用已较弱；而当粗粒土粒径过大，在基质吸力小于 1kPa 时若继续增大粗粒土的进水值，其对细粒土储水作用的增强效果已不明显。

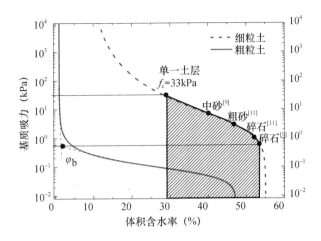

图 5.8   毛细阻滞覆盖层粗-细粒土的持水曲线

综上分析，采用 2～4cm 碎石作覆盖层粗粒土，厚度为 10～30cm。

3. 细粒土层-核心储水黄土层厚度确定

如前所述，目前覆盖层厚度计算方面的研究，主要有以下两种算法。1999—2000 年 Benson 提出根据六个气象指标计算，得出其中的最大值为初步设计厚度，然后根据具体情况再适当调整。之后在 2002—2003 年稍后期的研究中，Benson 提出根据关键气象段的降水量算出其最小厚度，然后考虑其他因素再予以增加调整。这两种方法实际给出了覆盖层厚度上下的两个临界指标。下面考虑这两种方法确定西安某填埋场毛细阻滞覆盖层的厚度。

第 1 种方法：运用早期提出的六个指标，计算值，然后除以其放大系数得到这种方法的实际计算指标厚度。

采用碎石（进水值 $\varphi_b = 0.5\text{kPa}$）作粗粒土，采用西安的黏性黄土作覆盖层的细粒土，其六个计算指标结果见表 5.2。

表 5.2   西安黏性黄土-碎石毛细阻滞覆盖层厚度计算指标

计算公式	4.13	4.14	4.15	4.16	4.17	4.18
计算指标	L_{ftw}	L_{fts}	L_{ctw}	L_{cow}	L_{cts}	L_{cos}
厚度（m）	1.15	小于 1.15	0.20	0.11	小于 0.21	小于 0.11

表 5.2 中考虑全年降水量的指标 L_{ftw} 是其中的控制指标，该公式计算形式为 $L_{ftw} = F_f \dfrac{P_{tw}}{2S_{fo}/L}$，计算公式中的安全放大系数 "$L_{ftw} = \dfrac{1}{2} F_f$" 值为 1.07，那么表中计算结果在不考虑该安全系数的条件下，覆盖层最小厚度临界值为 1.08m。

第 2 种方法：应用关键气象段计算覆盖层的厚度，黄土高原 11 月至下一年 3 月植被非生长期发生的降水量，由文献可知总降水 155.3mm，这段时间内部考虑植被的腾发作用采用 "$L_{cow} = \dfrac{P_{ow}}{S_c/L}$"，不考虑安全系数，计算西安地区覆盖层厚度。覆盖层最小厚度临界值为 0.84m。

对这两个临界厚度值进行分析。首先根据 Benson 的研究，第 1 种计算方法得出厚度值后，其建议是："再考虑其他因素进行适当调整降低覆盖层的厚度"。而第 2 种计算方法的建议是："再考虑其他因素进行适当调整增加覆盖层的厚度"。这说明第 2 种方法是 Benson 认为最小的临界厚度。此外，根据笔者前期的研究，对西安地区单一型黄土覆盖层进行分析。分析表明：在单一型黄土覆盖层的条件下采用 1.0m 的厚度，其防渗性能基本符合要求，那么毛细阻滞型覆盖层厚度应该比单一型要稍薄一点。因此模型试验中黄土厚度取第 2 种算法的 0.85m 厚，考虑到现场施工条件、碎石层的粒径分布、植物根系的生长和动物活动对覆盖层结构的影响等因素对其结构进行略微调整，采用 0.90m 的厚度。这 0.9m 黄土层中包括 0.60m 的核心黄土储水层和 0.3m 植被生长层。根据以上分析，初步设计现场覆盖层结构如图 5.9 所示。

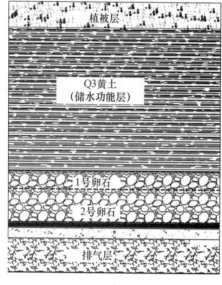

图 5.9　测试单元覆盖层结构

4. 试验覆盖层测试单元仪器埋设

仪器埋设位置：边坡。

水平横向：分三个剖面对边坡的坡顶、坡身中部和坡底进行测试。

竖直厚度方向：对黄土层表层、浅层、中间深度层和底层进行监测。仪器具体埋设位置和尺寸如图 5.10 所示。

现场覆盖层测试单元 TDR 张力计埋设剖面及布景全图如图 5.11 和图 5.12 所示。

5.2.3　极端降雨雨强、雨量参数的确定以及降雨装置和水分收集装置设计

1. 现场试验降雨雨强的确定

欲获得土质覆盖层的最大储水量，试验须以"覆盖层发生渗漏"为结束标志，在覆盖层刚发生渗漏的时刻有式（5.1）：

$$极端总降雨量值 P_{min} = 土体储水量 S + 坡面径流量 R \tag{5.1}$$

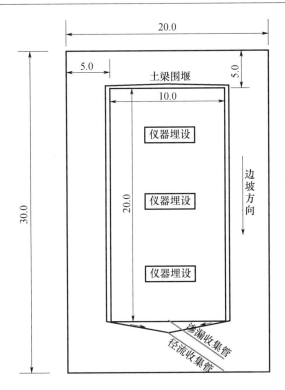

图 5.10　现场覆盖层试验单元平面布置图

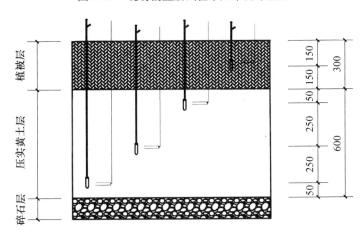

图 5.11　现场覆盖层测试单元 TDR 张力计埋设剖面

　　考虑到现场没有足够的水源，极端总降雨量值 P_{min} 要尽量减小。从式（5.1）中可以看出：在目前覆盖层细粒土层的土性（厚度和干密度等）定下来后储水量 S 已经是一个定值。因此考虑减小坡面径流量 R。一个有效的手段是要尽量减少雨强使降雨最大限度地入渗，从而减少坡面径流。此外，考虑甲烷菌培养基层随降雨的冲刷流失问题也需要尽量减少坡面径流的产生，但雨强过小会导致试验时间过长。因此雨强宜以"降雨基本全部渗入坡面的临界值"为指标。从式（5.1）可知，为了求得极端总降雨量值 P_{min}，需要求得土层的最大储水量，下面分别通过 Chen（1999）的计算方法和数值分析来分析计算。

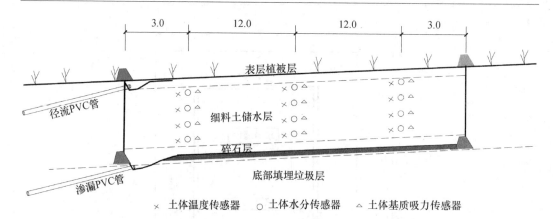

图 5.12　现场覆盖层测试单元仪器剖面布置全图（长度尺寸单位：m）

注：底部渗漏收集管采用直径 50mmPVC 管以 5% 坡度向下引流收集，经计算，从底部穿出覆盖层表面需 5.5m，故下部膜边界与排水沟边路基预留 6.0m。

Chen（1999）的初步计算方法采用土体脱湿段的土水特征曲线来计算。因此下文分析中采用实际测得的黄土脱湿段土水特征曲线。粗粒土的土水特征曲线没有测定，但在文献中获得了与西安现场粒径相同碎石的土水特征曲线。西安垃圾填埋场下部碎石的粒径为 2～4cm，文献［10］"*Performance of an Instrumented Slope Covered by a Capillary Barrier*" 研究了粒径为 1～4cm 的碎石的土水特征曲线（图 5.13 和图 5.14），因而计算中采用该曲线。黄土的土水特征曲线如图 5.15 所示。核心黄土层（$P_d = 1.45\text{g/cm}^3$）的饱和渗透率为 $1.29 \times 10^{-5}\text{cm/s}$，表层植被层（$P_d = 1.35\text{g/cm}^3$）的饱和渗透率为 $4.20 \times 10^{-5}\text{cm/s}$，碎石层的饱和渗透率为 0.02m/s。

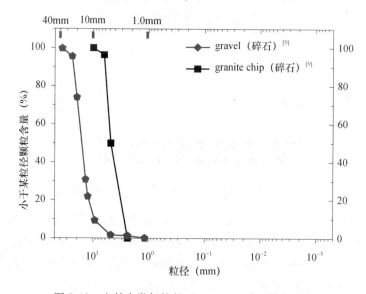

图 5.13　文献中类似粒径（1～4cm）碎石粒径分布

根据模型填埋场现覆盖层试验的尺寸（长 30.0m，实测坡度 16.4°），表层黄土按照干密度 $\rho_d = 1.35\text{g/cm}^3$ 考虑，中间核心储水层 $\rho_d = 1.45\text{g/cm}^3$。模型降雨模拟之前的初始条件暂采用建造夯实施工所测得的质量含水率：表层平均值约为 16.5%，对应的体

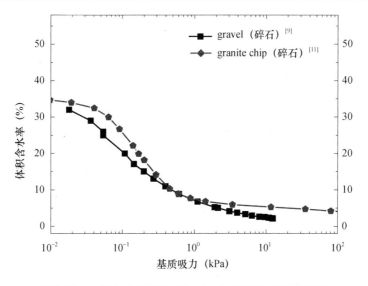

图 5.14　文献中类似粒径（1~4cm）碎石土水特征曲线

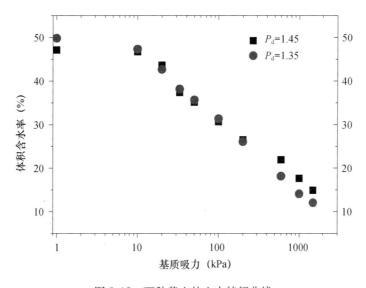

图 5.15　两种黄土的土水特征曲线

积含水率为 22.3%，基质吸力为 154.5kPa；中间核心储水层平均值约为 18.0%，对应的体积含水率为 26.1%，基质吸力为 142.5kPa。模型边界条件：碎石层底部为不透水边界，坡顶和坡脚为自由排水边界，表层土给定流量边界。其中上表层土层给定流量边界 q 模拟降雨，q 共考虑了分别为 25mm/d、30mm/d、35mm/d、40mm/d、45mm/d 和 50mm/d 的降雨量。这个边界条件涵盖了国家降雨划分标准的中雨、大雨和暴雨的范围，目的是找出雨强较大但不至于产生过多的坡面径流的工况，以便试验中缩短持续时间而不冲刷走坡面营养土。这六个计算工况按各自降雨雨强分别连续降 4d（345600s），其中 35mm/d 降了 6 天，分析中每 30min 读取并存储一次计算数据（图 5.16）。

　　在以上的六个分析工况中，分析后的流量云图如图 5.17~图 5.22 所示。

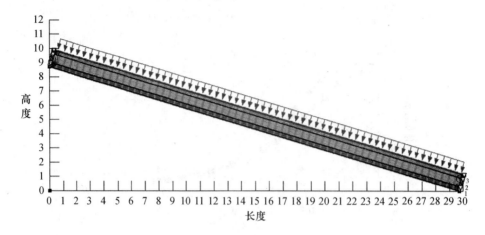

图 5.16　数值分析模型

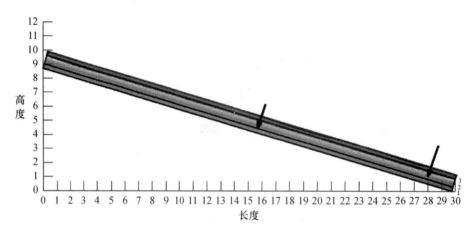

图 5.17　数值分析模型 $q = 25\text{mm/d}$，降雨时间 4d

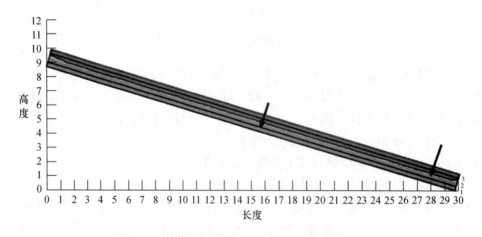

图 5.18　数值分析模型 $q = 30\text{mm/d}$，降雨时间 4d

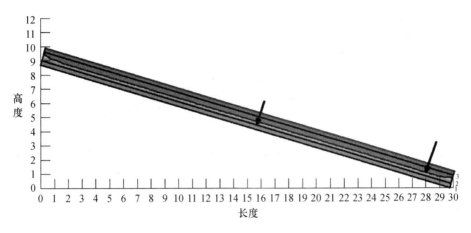

图 5.19　数值分析模型 $q = 35\text{mm/d}$，降雨时间 4d

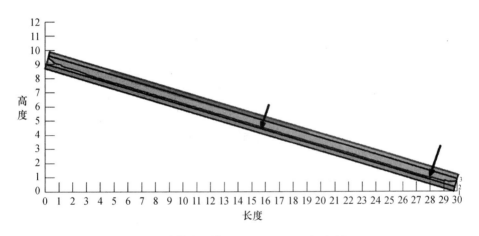

图 5.20　数值分析模型 $q = 40\text{mm/d}$，降雨时间 4d

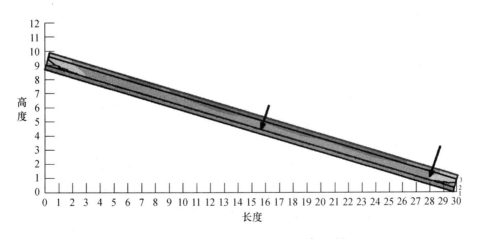

图 5.21　数值分析模型 $q = 45\text{mm/d}$，降雨时间 4d

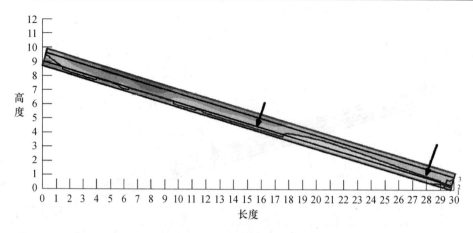

图 5.22 数值分析模型 $q = 50\mathrm{mm/d}$，降雨时间 4d

图 5.17 ~ 图 5.22 中 2 条黑色直线（1 和 3）分别表示植被土、核心黄土层和碎石层之间的交界线，蓝色曲线（2）表示湿润锋运移中饱和区与非饱和区之间的 "0 孔压线"，箭头所示位置为后面分析中选取的剖面（点）的位置。以上结果可见：$q = 25 \sim 35\mathrm{mm/d}$ 工况中，当降雨持续 4d 后，明显可见 "0 孔压线" 在碎石与黄土交界面之上，这表明核心黄土层的储水能力还没有达到最大值；$q = 40 \sim 45\mathrm{mm/d}$ 的工况中，"0 孔压线" 在碎石和黄土的交界面，这说明降雨入渗的水分接近突破碎石进入碎石层，且核心黄土层的储水能力基本达到或超过最大储水量；$q = 50\mathrm{mm/d}$ 时，核心黄土层中的水分分布不均匀，一些地方 "0 孔压线" 已突破碎石和黄土的交界面进入碎石，一些地方 "0 孔压线" 还在黄土层中。

图 5.23 为降雨强度为 $q = 25\mathrm{mm/d}$、$q = 35\mathrm{mm/d}$ 和 $q = 45\mathrm{mm/d}$ 的工况下，位于坡身中部表层土节点的降雨入渗速度与时间之间的关系。可见，在降雨初期，土体表层干燥，基质吸力梯度大因而渗透速度较大。随着降雨的继续，当土体浅层达到饱和后，其渗透速度基本维持在一个恒定值。在 $q = 25\mathrm{mm/d}$ 工况下，其稳定入渗速度约为 $2.8 \times 10^{-7}\mathrm{m/s}$，这与给定的降雨流量边界 $q = 25\mathrm{mm/d}$（换算 2.89×10^{-7}）基本相当，表明绝大部分的雨水渗入土层。在 $q = 35\mathrm{mm/d}$ 工况下，其稳定入渗速度约在 $3.4 \times 10^{-7}\mathrm{m/s}$，约为给定的降雨流量边界 $q = 35\mathrm{mm/d}$（换算 $4.1 \times 10^{-7}\mathrm{m/s}$）的 83%，这表明有 83% 左右的降雨渗入土层。而随着降雨强度的继续增加，$q = 45\mathrm{mm/d}$ 工况下，其稳定入渗速度约为 $3.7 \times 10^{-7}\mathrm{m/s}$，这要远远小于给定的流量边界 $q = 45\mathrm{mm/d}$（换算 5.2×10^{-7}），仅为其 71%。这说明随着降雨强度的增加，坡面入渗的比例逐渐降低，坡面径流量逐渐增加。

在覆盖层没有被击穿发生渗漏的情况下有以下水量平衡计算式：

$$坡面径流量\ R = 总雨量值\ P - 降雨入渗量（即土体储水量\ S） \qquad (5.2)$$

式（5.2）中总降雨量由上边界条件 q 与降雨持续时间 t 计算得来，降雨入渗量可在计算完成后选取上表面的计算节点读取该点的入渗速度 v（图 5.23）并求得入渗量。通过上面计算坡面径流量的平衡式可求得坡面径流量。图 5.24 是各个计算工况下坡面径流量与总降雨量的比值。当降雨强度为 $25\mathrm{mm/d}$ 时，降雨入渗量基本全部渗透进土体；当降雨强度为 $30\mathrm{mm/d}$ 时，其入渗率约为 91%。以上这两个降雨强度产生的坡面径

流都是比较小的，但降雨强度太小，在试验过程中持续时间会太长。当降雨强度为
35mm/d 时，其入渗量与总降雨量之间的比值约为 83%。随着降雨强度的继续增加，入
渗量与总降雨量之间的比值逐渐缩小，坡面径流量逐渐增加，可见，降雨强度在 35mm/d
或略大于这个值是比较合适的。

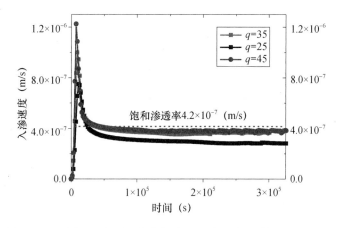

图 5.23　不同雨强表层土节点的降雨入渗速度与时间之间的关系

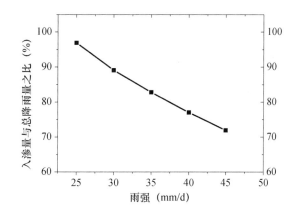

图 5.24　不同雨强降雨量与入渗量之比

根据国家《喷灌工程技术规范》（GB/T 50085—2007），基于节水灌溉的角度推荐
了各种土质的设计喷灌强度。不同类别土壤的允许喷灌强度可按表 5.3 确定。当地面坡
度大于 5% 时，允许喷灌强度应按表 5.4 进行折减。

表 5.3　各类土壤的允许喷灌强度

土壤类别	允许喷灌强度（mm/h）
砂土	20
砂壤土	15
壤土	12
壤黏土	10
黏土	8

注：有良好覆盖时，表中数值可提高 20%。

表 5.4　坡地允许喷灌强度降低值

地面坡度（%）	允许喷灌强度降低值（%）
5 ~ 8	20
9 ~ 12	40
13 ~ 20	60
>20	75

照表 5.4 中推荐的值，可以算出降雨强度的范围为 3mm/h。为兼顾试验时间和冲刷，减少表层土体的蒸发量，降雨强度初步定在 1 ~ 3mm/h。

2. 现场大尺寸试验降雨总量的确定

试验要以"水分击穿覆盖层"发生渗漏为试验终点。在渗漏刚刚发生的时刻，由式（5.1）可得总降雨量为土体的存储量和坡面径流量之和。因此欲求总降雨量，须先获得土体的最大储水量。下面分别采用 Chen（1999）[23] 提出的毛细阻滞覆盖层储水量计算方法和数值分析两种方法确定。

土体由两层构成。底部核心黄土储水层与碎石界面构成毛细阻滞效应增加了储水能力，该层按照毛细阻滞覆盖层储水量计算。顶部植被层按照单一土层储水量计算。底部核心黄土层：底部最大储水量所对应的基质吸力为粗粒土进水值 φ_w 所对应的含水率。采用作图法求得该值 $\varphi_w = 0.5$kPa。则当水分在土体中达到最大储水量时，土体任意剖面的基质吸力从该界面以土层厚度方向呈线性增加。距离底部任意界面处的基质吸力为 $\varphi_w + z$。中间核心储水层厚 0.6m，则顶部为 6.5kPa。由基质吸力剖面，根据 VG 方程可算出该土层的储水量。顶部植被层：按单一土质的储水量计算最大储水量为田间储水率，取基质吸力为 33kPa 所对应的含水率，由 VG 模型计算得出（表 5.5）。

表 5.5　黄土层 SWCC VG 模型拟合参数

60cm 核心储水层		30cm 植被层	
饱和体积含水率 s	47.1%	饱和体积含水率 s	49.8%
残余含水率 r	12.0%	残余含水率 r	11.9%
进气值有关的倒数 a	0.027	进气值有关的倒数 a	0.03
脱水斜率 n	2.69	脱水斜率 n	2.41

（1）60cm 核心储水层储水计算（毛细阻滞覆盖层）。

土层最大储水量：经计算得 277.2mm。

土层初始状态体积含水率为 26.3%，初始含水量转化降雨量：$60 \times 0.261 = 156.6$（mm）。

本次降雨核心储水层可储水：277.2 – 156.6 = 120.6（mm）。

（2）30cm 植被层（单一土层）：

33kPa 所对应的体积含水率：$300 \times 0.381 = 114.3$（mm）。

初始状态体积含水率：22.3%，初始含水量转化降雨量：$30 \times 0.223 = 66.9$（mm）。

本次降雨核心储水层可储水：114.3 – 66.9 = 47.4（mm）。

覆盖层最大储水量为以上（1）、（2）两层土计算结果之和：120.6 + 47.4 = 168（mm）。

此外，在前期的分析中初步确定降雨强度为 35mm/d，下面以此工况为模型进行更长时间的分析，进行了降雨持续时间更长（6d）的分析。

覆盖层发生渗漏时间点的判别：随着降雨的下渗，覆盖层细粒土中的水分将会突破碎石层而发生渗漏。对于毛细阻滞覆盖层中毛细阻滞失效的判别方法，Aubertin M. 于 2009 年在他的研究里进行了说明，其采用碎石和细粒土之间界面节点的孔隙水压力与时间关系曲线的斜率和孔隙水压力存在明显变化。当碎石中的节点孔隙水压力达到零时可判定毛细阻滞作用失效。在模型中，坡脚选取碎石与黄土之间接触界面的一点，观察其孔隙水压力与时间的关系曲线，当其孔隙水压力达到零时，视为上部细粒土储水达到最大值。

图 5.25 和图 5.26 为数值分析进行降雨模拟 6d 后，水分在土层中运移的云图。（1）线为"0 孔压线"，（2）线表示土层的分界线，箭头表示截取的点所在位置。图 5.27 为分别截取了坡脚和坡中部的两个点的孔压与时间的关系图。可见坡脚和坡中点的失效时间相差不大，坡脚点的失效时间是在 520200s，坡身中部的失效时间是在 513000s。下面计算累计降雨量和土层存储量，以坡脚的先到时间为准。照上文时间计算总降雨量：

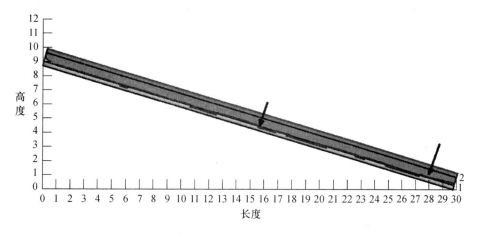

图 5.25　数值分析模型 $q = 35\text{mm/d}$，降雨时间 6d

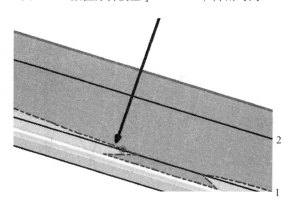

图 5.26　数值分析模型 $q = 35\text{mm/d}$，降雨时间 6d（局部放大图）

$$P = q \cdot t = 207.8\text{mm}。$$

根据前文可知，约有83%的降雨转化为土层存储量，则土层存储量为172.47mm。

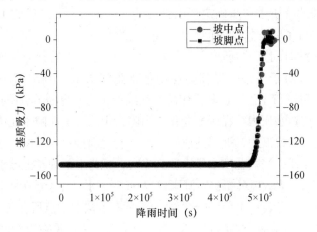

图5.27　碎石界面上孔隙水压力随时间变化曲线

上面两种计算方法的结果相差不大，但数值分析结果略大于Chen（1999）所提出的算法。造成两者的差异可能有如下原因：第一，数值分析中核心土层在失效时，其土层全剖面基质吸力为零，而Chen（1999）认为，其内部基质吸力为$\varphi_w + z$（顶部为6kPa，底部为0.5kPa）；第二，单一土层中最大储水量计算：Chen（1999）认为其基质吸力为33kPa所对应的体积含水率为最大储水量，而数值分析中认为基质吸力为零时为最大储水量。由以上的分析，确定降雨强度为$1 \sim 3$mm/h，总降雨量为210mm，降雨时间持续$4 \sim 5$d。

3. 现场大尺寸试验降雨模拟装置设计

经调查，采用蔬菜大棚生产用的微型灌溉喷头适合用于本试验中的模拟降雨（图5.28）。这种喷头的外形和技术参数见表5.6。

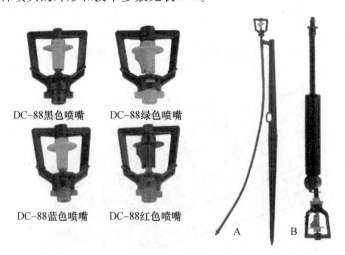

图5.28　蔬菜大棚生产用的微型灌溉喷头

表5.6　蔬菜大棚生产用的微型灌溉喷头喷射参数

产品名称	旋转喷头			
规格	喷嘴半径	工作压力（kg）	喷射半径（m）	流量（L/h）
黑色	0.4	1.5~2.0	3.0~3.25	35~45
蓝色	0.5	1.5~2.0	3.25~3.5	55~65
绿色	0.6	1.5~2.0	3.5~3.9	75~85
红色	0.7	1.5~2.0	3.9~4.25	95~110

　　根据该类喷头的喷射特点，其分为四种。这四种的喷射射程和流量各不相同。表5.6为某厂家提供的技术参数，从黑色到红色其喷射半径逐渐增加且流量也逐渐增加，对以上四种喷头的单个喷灌强度进行的计算结果表明，这四种喷头的喷灌强度都很小，为2~5mm/h，它们都是适合试验技术要求的，如图5.29所示。考虑到现场尺寸较大，决定采用红色类型的，每个喷头的流量按表中绿色，流量75L/h、半径3.5m进行布置。布置图与喷射效果如图5.30~图5.35所示，每个喷头的横向距离为3.33m，竖向间距为5.0m。图5.36中虚线为每个喷头的实际喷射有效区，计算出喷灌强度为4.5mm/h，这个强度略大于前面的1~3mm/h。对这四种喷头进行测试：测试压力200kPa，测试时间1h，绘制雨强分布效果图如图5.36所示。

图5.29　蔬菜大棚生产用的微型灌溉喷头实物

图5.30　预试验喷头的安装

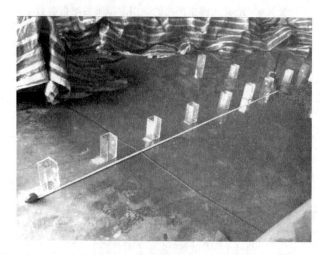

图 5.31　预试验喷头和量杯的布置及喷射有效距离边缘测定（从内向外 0.5m 一个）

图 5.32　1 号喷头喷射效果

图 5.33　2 号喷头喷射效果

图 5.34 3 号喷头喷射效果　　　　　　　　图 5.35 4 号喷头喷射效果

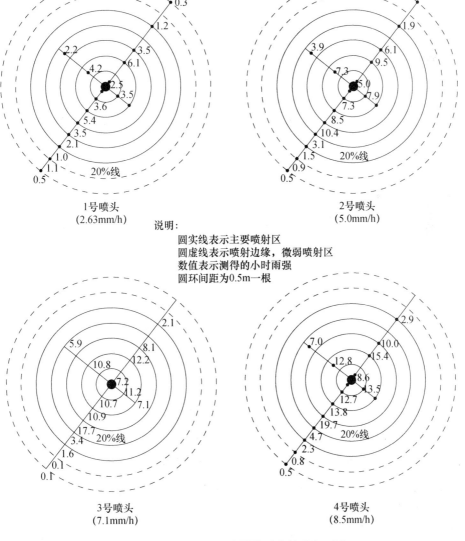

图 5.36 1～4 号喷头喷射效果喷射强度云图

根据室内降雨模拟试验：在 200kPa 压力下，1～4 号喷头的雨强各不相同，其中 1 号喷头的有效喷射区为 3.5m，且分布相对较均匀，而 2～4 号喷头雨强（圆实线）相对集中。从测试雨强的值和分布来看，选择 1 号喷头。

喷头之间距离的确定：距离 1 号喷头中心约 1.0m 处最大雨强为 5mm/h，而在 2.50m 处雨强为 1.0mm/h，通过两个喷头的叠加，构成雨强为 2.2～3.5mm/h 是比较合适的（若距离增大，会导致中间两个喷头件中间重叠区域雨强更小，中间存在约 1.0m 宽地带的雨强为 2.0mm）。喷头的水平间距定为 5.0m；竖向间距：喷头呈梅花形布置，经考虑定为 5.0m，三个喷头间的部分位置经重叠后雨强为 3.0m。如此布置后，喷头群的降雨强度为 3.2～3.4mm/h。重叠后喷头间的雨强分布如图 5.37 所示；现场试验喷头布置如图 5.38 所示。

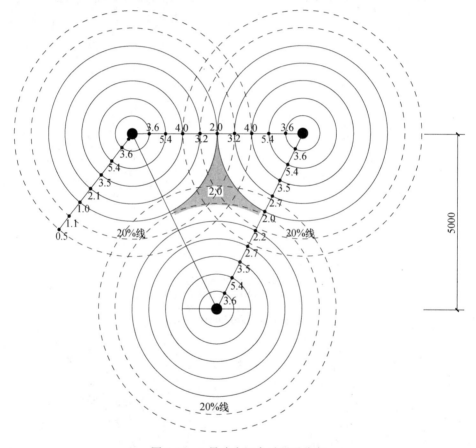

图 5.37　1 号喷头组合后雨强分布

5.2.4　试验主要过程和测试项目及测试频率

试验准备：在正式安装所有管件和喷头群之前，先在小范围内预装几个喷头，此举的目的是对降雨模拟系统进行标定和测试。调节压力表压力并读取该压力下流量计读数，得出流速 v，换算出降雨雨强 f。在喷头群下均匀放置 10 个量杯，测定一定降雨时间内杯中水量，取所有杯中平均水量作为实测雨强来衡量模拟降雨的均匀性。安装好模

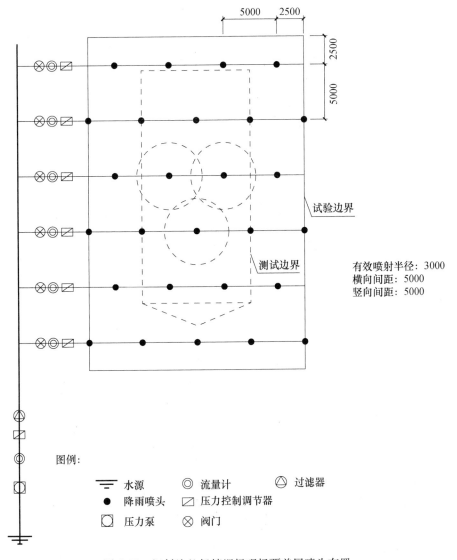

图 5.38 　江村沟垃圾填埋场现场覆盖层喷头布置

型，测试初始含水量和张力计读数等覆盖层初始边界条件后，开始试验。试验中注意测试以下项目：湿润锋在覆盖层内的运移情况、张力计读数的变化规律、坡面径流的流速变化、出现侧向导排的时间、渗漏出现的时间和形式、导排量稳定时间和量。试验的终止条件：渗漏出现且渗漏速度稳定。

1. 张力计和 TDR 读数变化规律

如果说湿润锋定性地反映了水分覆盖层内的运移分布和发展情况，则张力计和 TDR则定量地反映了水分的运移路径和存储状态。当湿润锋接近张力计时，加密读数次数，约 10min 读一次，当湿润锋已经越过张力计所在位置，为反映土体存储量的变化规律，仍需读数，每 30min 读一次。

2. 坡面径流的流速变化

根据前人研究结果，坡面径流在初始降雨时，土体含水率低而地表入渗量大，坡面

77

径流量小；随着降雨继续进行，土体含水率逐渐增高而地表入渗量逐渐减小，坡面径流比例逐渐增大，试验中通过读取坡面径流收集管上的流量计流速而反映，读数频率为每10min，流速稳定半小时后，停止读数。

3. 渗漏出现的时间、渗漏初始流速、稳定流速和最终流量

试验的最终目的是验证覆盖层的实际防渗效果，出现渗漏且渗漏速度稳定后是试验结束的标志之一。试验中记录好开始出现渗漏的时间、初始渗漏速度读数和渗漏稳定的时间以及稳定后磅秤的读数，出现后每20min读一次，连续2次读数稳定后停止读数视为稳定。

5.3 江村沟填埋场土质覆盖层的现场建设

江村沟垃圾填埋场修建于20世纪，是西安市最大的垃圾填埋场。其地理位置位于西安市灞桥区狄寨。厂区面积库区垃圾设计总容积4900多万 m²，占地近1100多亩，是目前西安市使用的最大的垃圾处理设施。填埋场场区作业区分四期且分批建设，目前垃圾填埋已使用三期。其中第一、二期已经填埋完毕，第三期填埋库区工程于2005年开工并逐步投入使用。从地理位置上看，是在原一、二期工程场址上继续向江村沟上游延伸和扩展。现场试验覆盖层基地经综合考虑，选择在第三期工程的第8级边坡上。该区域的垃圾降解产生的沉降基本趋于稳定，垃圾填埋时间3~5年、边坡坡度14.8°。试验区域选址：协商后确定在覆盖层进场道路一侧，具体如图5.39所示。图中蓝色线表示填埋场边界，考虑到这一带垃圾层较薄的情况，在远离边界距离20m的范围划定了一块约50m长的区域，拟在该区域进行试验布置。

图5.39 覆盖层现场试验基地

在初步选定区域后进行了实地放线，放线过程和位置如图5.40所示。采用全站仪按国家标准黄海高程坐标控制系统测试了试验区各角点的坐标。施工控制点坐标见表5.7。

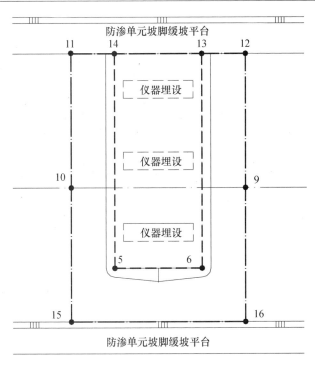

图 5.40　覆盖层现场试验基地布置图

表 5.7　各控制点坐标

点号	坐标	
	X（E）	Y（N）
5	26184.533	7922.407
6	26176.263	7916.803
9	26178.376	7905.034
10	26194.830	7916.215
11	26204.404	7902.390
12	26187.812	7891.234
13	26191.919	7894.052
14	26200.199	7899.626
15	26185.443	7929.756
16	26168.930	7918.730

5.3.1　HDPE 膜下气体收集层和膜上碎石层的铺设

现场施工放线后，选定挖机设备对场区垃圾堆体表层临时覆盖黄土层进行清理，以露出新鲜垃圾面层。经现场测量，该黄土层厚 30 ~ 40cm（图 5.41）。

采用挖掘机并结合人工清理黄土层后，人工铺设一层土工布（无纺布 $200g/m^2$），在土工布上铺设了一层粒径为 20 ~ 40cm 的碎石并找平。盖层碎石的主要作用是施作膜下垃圾堆体的填埋气扩散层。为将填埋气导入即将施工的黄土-碎石毛细阻滞覆盖层，

图 5.41　覆盖层现场试验基地试验区域表层黄土的开挖

将三根花管连通后设置引出管。根据前面内容叙述，为对渗漏水分进行收集，在试验覆盖层底部设置 HDPE 土工膜，但为防止垃圾降解产生的不均匀沉降以及尖锐物对 HDPE 膜的穿刺破坏，在膜底增设了双层无纺土工布。HDPE 膜边缘上卷深入土层，形成一个封闭能盛水的"土工池"。HDPE 膜铺设完毕后开始焊接，焊接后检验该土工池的闭水性，无渗漏后铺设碎石层。现场施工照片如图 5.42 所示。

图 5.42　覆盖层现场试验基地 HDPE 膜下气体收集管和膜上碎石铺设

5.3.2　现场黄土层压实施工

在覆盖层这个程序中，最重要的是发挥储水作用的黄土层夯实施工。由于现场的大体量、大尺度施工，夯土压实质量难以保证，因此，在压实施工之前必须选好施工器具和确定好施工参数，在现场开展预压试验。

为了保证预压试验的成功进行，1 月 1 日在试验之前对买回的夯机首先进行了机械的操作和熟悉，在填埋场黄土边坡坡脚取土区域的土平地上就地摊铺了一块土体，摊铺厚度 25cm。在土体上面划出了尺寸为六个 1.0m×1.0m 的实验区进行了初步的碾压机械操作。这一步的目的调试和熟悉机械，是根据机械建议的碾压速度和厚度熟悉机械的行进速度、油门大小的控制、碾压区域的搭接等（图 5.43）。

图 5.43　现场预压试验（夯机熟悉）

对黄土进行了天然状态的含水量测试，共进行了七个样的测试，测试数据表明黄土的天然含水率在 20% 附近，这与室内击实试验所得的黄土最优含水率（19.8%）很接近。试验考虑了黄土的虚铺厚度和碾压夯实次数两个因素，共设置了三种工况，具体如下：

（1）土体现状含水率，土样虚铺厚度 15cm，分次数碾压并按碾压 2、4、6、8 次数分别在土样顶部和底部取样测试干密度。

（2）土体现状含水率，土样虚铺厚度 20cm，分次数碾压并按碾压 2、4、6、8 次数分别在土样顶部和底部取样测试干密度。

（3）土体现状含水率，土样虚铺厚度 25cm，分次数碾压并按碾压 2、4、6、8 次数分别在土样顶部和底部取样测试干密度。

根据以上工况的设置，在试验中共取了三个虚铺厚度四种碾压次数条件下，土层的顶部和底部共计 24 个土样，之后进行测试获得其干密度。

正式碾压作业区在斜坡上，且底部为无粘结性的碎石材料，和平地上坚硬的地面边界条件可能会有所不同，故预压试验直接选择在试验区域坡面上做。在试验范围内的坡脚附近斜坡上，碎石面顶层选择了一块 3m × 4m 的试验区，依次设置了三个尺寸为 2.0m × 1.0m 试验区，如图 5.44 所示。这三个试验区从上至下土体虚铺厚度依次厚为 20cm、25cm 和 30cm，并画好中线。

在试验区先铺设了一层土工布后开始上土料。根据试验工况设置，分别摊铺 20cm、25cm、30cm 的试验土层，铺设后用卷尺捆绑木棒插入底部进行检测。

场地铺好后开始进行夯实试验，夯实过程中沿着有规律的路线按指定的行进速度（10 ~ 13m/min）前进（图 5.45）。

在夯实过程中每夯实 2 次后分别在不同厚度区域的表层和底部用环刀取土，并封装好。由于取样后会留下取样坑，坑中新填土没有达到要求的夯实次数，因此在碾压不同次数的各个不同厚度试验区从横向方向从一边向另一边（从左向右）取样（图 5.46）。

将试样在实验室烘干并得到数据，详细数据见表 5.8 ~ 表 5.11。

图 5.44　现场预压试验（一）

图 5.45　现场预压试验（二）

图 5.46　现场预压试验后取样测试干密度

表 5.8　夯实 2 次黄土干密度和均匀性（质量单位：g，干密度单位：g/cm³）

项目	厚20cm		厚25cm		厚30cm	
	顶部	底部	顶部	底部	顶部	底部
环刀编号	30	10	8	20	9	23
环刀质量	42.9	42.8	42.9	42.9	43.5	42.8
环刀 + 干土	127.6	124.6	126.3	118.6	127.5	114.8
干土质量	84.7	81.8	83.4	75.7	84	72
干密度	1.41	1.36	1.39	1.26	1.40	1.20
均匀性（顶 − 底）/顶	0.0342385		0.0923261		0.1428571	

表 5.9　夯实 4 次黄土干密度和均匀性（质量单位：g，干密度单位：g/cm³）

项目	厚20cm		厚25cm		厚30cm	
	顶部	底部	顶部	底部	顶部	底部
环刀编号	24	26	7	6	32	16
环刀质量	42.9	42.8	43.9	42.8	42.8	42.9
环刀 + 干土	134.6	131.5	137.5	126.6	136.2	116.8
干土质量	91.7	88.7	93.6	83.8	93.4	73.9
干密度	1.53	1.48	1.56	1.40	1.56	1.23
均匀性（顶 − 底）/顶	0.0327154		0.1047009		0.208779	

表 5.10　夯实 6 次黄土干密度和均匀性（质量单位：g，干密度单位：g/cm³）

项目	厚20cm		厚25cm		厚30cm	
	顶部	底部	顶部	底部	顶部	底部
环刀编号	22	11	2	4	18	19
环刀质量	42.8	42.8	43.9	42.8	42.9	42.8
环刀 + 干土	141.4	136.1	146.6	128.6	142.8	123.5
干土质量	98.6	93.3	102.7	85.8	99.9	80.7
干密度	1.64	1.56	1.71	1.43	1.67	1.35
均匀性（顶 − 底）/顶	0.0537525		0.164557		0.1921922	

表 5.11　夯实 8 次黄土干密度和均匀性（质量单位：g，干密度单位：g/cm³）

项目	厚20cm		厚25cm		厚30cm	
	顶部	底部	顶部	底部	顶部	底部
环刀编号	12	3	5	25	28	1
环刀质量	42.9	42.8	42.9	42.9	42.9	43
环刀 + 干土	141.5	138.6	140.6	129.6	140.5	126.1
干土质量	98.6	95.8	97.7	86.7	97.6	83.1
干密度	1.64	1.60	1.63	1.45	1.63	1.39
均匀性（顶 − 底）/顶	0.0283976		0.1125896		0.1485656	

　　测试结果表明：夯实次数为 2～4 次表层土即可达到 1.45g/cm³ 的干密度，夯 2 次表层土干密度为 1.39～1.41g/cm³，略小于 1.45g/cm³，底部的干密度为 1.20～1.36g/cm³；在夯 4 次后表层土干密度为 1.53～1.56g/cm³，底部的干密度为 1.48～1.23g/cm³。夯 6 次、8 次后顶部的干密度达到 1.6g/cm³ 以上，且底部的干密度也有所增长。但夯 6 次和夯 8 次后，表层土的干密度几乎没有增长甚至略有小幅度下降，底部土层的干密度有所增长。从虚铺厚度来看，厚度越大，表层土和底部土层的干密度之间的差距越大。当虚铺厚度为 20cm 时，顶部和底部土层干密度之间的差距在 5% 以内，当虚铺厚度为 25cm 时，顶部和底部土层干密度之间的差距为 9%～16%。当虚铺厚度为 30cm 时，顶部和底部土层干密度之间的差距为 15%～20%。正式夯实时，觉得 20cm 的虚铺厚度是比较合适的。

　　从上面的测试结果分析：后期的正式夯实次数应为 2～4 次，土体虚铺厚度定为 20cm。此外，在此前进行的夯实作业中个人觉得工人加的油门比较大，夯实机械振动幅度比较大，且速度较快，比较难以控制，后期的正式夯实时要调小一点油门，控制机械均匀稳定地前进。

　　根据以上预夯试验结果确定正式夯实遍数为 3 次，土体虚铺厚度定为 20cm。正式夯实作业历时 8 天，平均每层耗时约 1.5 天。图 5.47 是现场夯实情况，夯实过程中 HDPE 膜边缘和仪器埋设周边夯机难以达到区域采用人工补夯。在夯实过程中，随着大家对机械和黄土夯实性质的熟悉，后期夯实作业进行得比较顺利。一般在夯实 2～3 次后，现场取样进行称量测试，根据前期测试的黄土含水率可以立即对黄土的干密度进行计算，根据计算结果确定是否补夯。作业一段时间后，夯实密度基本比较稳定。每层夯实完毕后现场取样并测试其干密度，根据干密度大小决定是否补夯并对土层标高、厚度以及坡面平整度进行检查（表 5.12），以下是膜内后两层夯实施工后干密度的测试结果。

图 5.47　现场试验覆盖层黄土层正式夯实施工

表 5.12　夯实黄土现场取样测试干密度结果（质量单位：g，干密度单位：g/cm³）

环刀编号	23	22	32	2	20	17
环刀 + 湿土	147.2	145.5	144.5	143.6	144.2	142.9
环刀质量	42.9	42.8	42.8	42.8	42.8	42.9
环刀 + 干土	130.2	131.7	128.9	128.4	128.6	129.3
含水量	0.19473	0.15523	0.18118	0.17757	0.18182	0.15741
干土质量	87.3	88.9	86.1	85.6	85.8	86.4
干密度	1.455971	1.482655	1.435957	1.427618	1.430954	1.440961

5.3.3　现场植被层黄土施工

现场黄土为施工期间从场区边坡开挖下来的生黄土，不适合植被生存。如前所述，植被对土质覆盖层水分的释放起着重要的作用。要植被正常生长，目前需要对这些生黄土进行改良。故植被层黄土中需加入和堆肥材料相间铺设，每铺设一层黄土和堆肥材料后人工用钉耙和铁锹等工具进行拌和，拌和作业由 4~6 个人工从坡顶一字排开形成作业面拌和至坡底。待这两层材料拌和完成后再铺设黄土和下一层堆肥材料，如此摊铺并拌和每两层后进行人工夯实。

首先采用机械初步摊铺黄土层（10cm），黄土层摊铺好后人工撒铺堆肥料（0.8cm），然后人工用钉耙对复合层（黄土和堆肥料）进行勾刨拌和；拌和基本均匀后重复进行第二层黄土和堆肥料的铺设，并用同样方法进行拌和。如此相间铺设，每铺设一复合层（黄土和堆肥料组成）后拌和一层，如此重复进行，每两层复合层进行人工夯实。

植被层中添加堆肥材料并压实到一定干密度的详细施工作业流程和细节如下述步骤：

（1）在 60cm 核心黄土层施工并检查完毕合格后，先虚铺 10cm 的黄土，检查标高控制坡面平整（此举是为了控制好黄土的量）（图 5.48）。

图 5.48　铺设 10cm 黄土层

（2）人工撒铺计算好的堆肥料。此时薄薄的一层堆肥料（厚约 0.8cm）覆盖在厚 10cm 的黄土层上（图 5.49）。

图 5.49　人工撒铺堆肥料

（3）人工采用钉耙在土层表面来回进行勾刨，钉耙伸出的长齿会部分深入黄土层而出现较小的沟槽，位于表层松散的堆肥料会部分落入其中，如此反复进行直至拌和基本均匀（此举经询问工人在田间种植作业的经验而来）（图 5.50）。

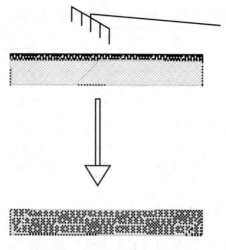

图 5.50　人工拌和黄土与堆肥料

（4）第一层黄土和堆肥料拌和均匀后，铺设第二层黄土和第二层堆肥料并重复上述第（3）项工作，直到相间铺设的两层黄土和堆肥材料，各自拌和均匀（图 5.51～图 5.53）。

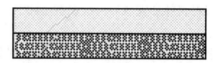

图 5.51　铺设第二层黄土（10cm）

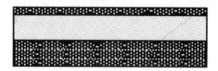

图 5.52　铺设第二层堆肥料（10cm）

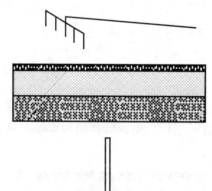

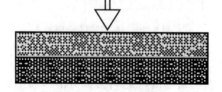

图 5.53　拌和第二层黄土与第二层堆肥料

（5）此时虚铺厚度约达到 20cm，人工夯机夯实一遍至干密度约为 1.3。夯实后土层厚度预计为 15～16cm（图 5.54）。

图 5.54　人工夯实一遍

（6）重复进行以上工作。如此作业，预计需要铺设 4 次黄土和 4 次堆肥料，人工勾刨拌和堆肥与黄土作业 4 次，夯实作业进行 2 次。

以上详细步骤如图 5.55～图 5.57 所示。

图 5.55　堆肥料的铺设

图 5.56　堆肥料的拌和

图 5.57　核心储水黄土层，植被层黄土填筑完现场情况

5.3.4　现场植被种植

前面已经提到土质覆盖层中植被对于水分的释放有着重要的作用，可以说是释放的关键媒介。总体来看，土质覆盖层中植被主要有如下四个方面：

（1）蒸腾蒸发释放水分。

（2）为土质覆盖层提供坡面防护，减小坡面冲刷，风沙侵蚀和防止水土流失。

（3）美化环境，绿植覆盖，提供绿化景观和一定程度上实现生态修复目的。

（4）部分植物，如苜蓿等能吸收部分填埋气。

如本书第4章所述，高羊茅、苜蓿、百慕大（又叫狗牙根）、早熟禾、黑麦草和麦冬等草类在文献中和各类意见中出现较多。其中苜蓿和高羊茅文献中已经明确表明是适合西北地区气候条件，特别是苜蓿植株高，且该填埋场8级以下临时黄土覆盖层下生长茂盛，腾发作用强烈。文献研究表明其有吸收甲烷的功能。狗牙根也是适合填埋场微气候条件的，但对甲烷的反应较大具有胁迫性。麦冬不建议种植，因为该类植物不适合连年种植。这几种草类可以单独种植也可以混种，且植被根系除苜蓿外均为 5 ~ 10cm，但需注意苜蓿植物植株高度较其余草类要高，根系也较大、较长，混种后腾发作用没有影响但可能会造成植被高低起落参差不齐观赏性较差且根系有可能会穿透核心储水层黄土。根据现场试验覆盖层的研究表明，在极端降雨期间全坡面（坡顶、坡中和坡底）种植一种或混种几种植被。其中，膜内核心测试区为四季青 + 黑麦草 + 早熟禾三种草种混种，各自的比例为 4∶3∶3。膜外过渡区为紫花苜蓿 + 四季青两种草混种，各自的比例为 7∶3。植被初期覆盖层现场情况如图 5.58 所示，种植 2 ~ 3 个月时间后，植被实现一定覆盖，现场情况如图 5.59 所示。至此，现场覆盖层试验基地全部建设完成。这其中黄土层的夯实是施工控制重点。

图 5.58　植被建植初期

图 5.59　植被建植后植被实现覆盖

第6章　土质覆盖层工程现场防渗性能
测试研究与评估

本书重点关注土质覆盖层"水"的防渗设计问题，即水分在土质覆盖当中的运移、存储和释放。众所周知，水分一旦渗入土中覆盖层，肉眼看不见只能用仪器来进行检测。目前，在国内外的研究中，土质覆盖层中水的运移多用水分测试探头和基质吸力测试探头来综合反映。在笔者的研究中，采用了TDR时域反射技术测试土层含水率，采用张力计测试土层基质吸力。测试数据的正确性主要有两个方面：第一源于TDR土层含水率探头的埋设和仪器测试的精确性；第二源于张力计埋设的正确性和测试精确性。这两个仪器的测试结果将直接对研究结论产生重要的影响，因此下文首先介绍这两个仪器的埋设、标定等，最后介绍极端降雨防渗评估试验结果。

6.1　现场降雨试验前仪器埋设和覆盖层初始条件

现场覆盖层建设后，将进行极端降雨试验，实时反映水分在土层中的运移情况。采用TDR时域反射技术测试对土层进行原位含水率的测试是一个成熟可靠的手段。目前TDR多用于测试砂土、粉砂等非黏性土，而较少用于测试黏性土。本实验中黄土为西北地区西安市，属于粉质黏土，土体粒径较黏土大，但较粉土小，因而有必要验证TDR测试黄土含水率的正确性。故需进行TDR测试黄土含水率标定试验。试验目的主要有两个：

（1）验证TDR方法测黄土体积含水率的可行性。

（2）验证现有探头测试的准确性。

在实验室内设置探针长度分别为20cm、15cm，一定体积含水率（分别为10%、20%、30%、40%）的黄土体积含水率测试。TDR测试后，采用烘干法标定黄土含水率，两个测试结果进行对比从而评估TDR测试结果的精确性和可行性。首先取黄土烘干过2mm筛，称量并由干到湿逐步配置体积含水率10%、20%、30%、40%的黄土。将土样大致分成3等份，分三层填筑，土样填筑完毕后将探针用力插入。典型环节过程如图6.1所示。

土样填筑好后，将探头用力压入土体，开始测试。测试结果见表6.1。由测试结果可见：20cm的探针在20%和30%的体积含水率附件测试结果很接近，只相差在1%。在10%和40%的体积含水率附近，测试结果相差在2%左右。15cm的探针只进行了10%和20%的体积含水率样本测试，试结果和实际配制的体积含水率相总体差在2%左右。这表明探针为15cm和20cm长度的TDR测试黄土的体积含水率结果还比较准确，测试方法和工具可行。

图 6.1　室内标定 TDR 时域反射技术测试黄土原位含水率

表 6.1　TDR 时域反射技术测试黄土含水率标定

针长 20cm		针长 15cm	
配制含水率	测试结果	配制含水率	测试结果
0.1	0.08928	0.1	0.08128
0.2	0.19084	0.2	0.18824
0.3	0.29554	—	—
0.4	0.38615	—	—

　　TDR 时域反射技术测试黄土含水率标定如图 6.2 所示。

　　根据以上室内试验,现场土质覆盖层含水率测试推荐采用 20cm 的探针。具体埋设位置和深度见本书第 5 章,图 6.3 给出了现场埋设的意图并对各个探头进行了编号,可见从坡顶、坡中和坡脚分三排不同深度埋设,根据试验目的,需要 15 个探头。现场 TDR 的埋设采用在建好的黄土层中开挖探坑,从探坑侧边插入的方式埋设(图 6.4)。黄土是粉性土适合用 TOP 公式,现场测试的黄土含水率波形如图 6.5 和图 6.6 所示,由图可见其测试结果波形较好,便于准确计算

　　TOP 公式:$\theta = -5.3 \times 10^{-2} + 2.92 \times 10^{-2}\varepsilon - 5.5 \times 10^{-4}\varepsilon^2 + 4.3 \times 10^{-6}\varepsilon^3$　(6.1)

　　张力计反映了黄土中基质吸力的变化规律,根据非饱和土力学中土水特性可知,土层含水率和基质吸力是一对相关的指标。两个指标共同反映了土体的水力特性。因而张力计的埋设对测试结果的正确性而言也是一个很重要的过程。经过比选确定张力计采用 soilmoisture 公司生产的 2725# 原位测试型。由于张力计测试探头比较大,可能会影响土层中水分的运移,此外国内外研究表明张力计的陶土头与被测土体结合程度将直接影响

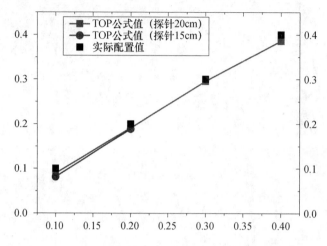

图 6.2　TDR 时域反射技术测试黄土含水率标定

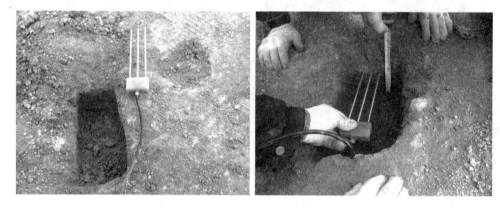

图 6.3　现场黄土覆盖层 TDR 水分测试探头埋设情况

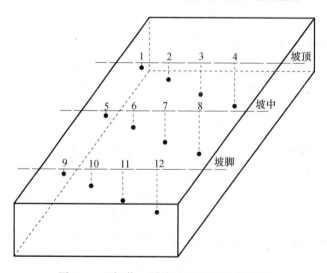

图 6.4　现场黄土覆盖层 TDR 埋设布置图

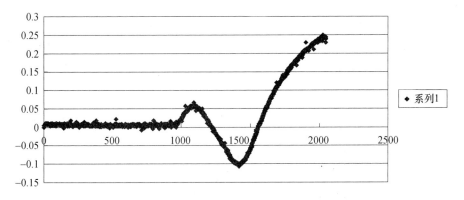

图 6.5　现场黄土覆盖层 TDR 实测波形—1#

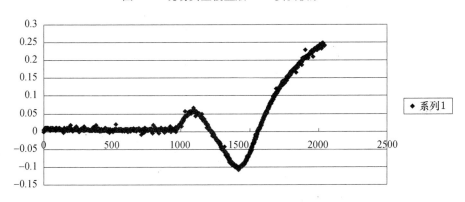

图 6.6　现场黄土覆盖层 TDR 实测波形—4#

到土层的基质吸力测试结果的精确性，故埋设方法非常重要。张力计埋设前有如下两个准备工作：

（1）仪器检查：张力计安装之前，先检查张力计的陶土头密封圈是否完好，压力表指针的转动，零读数位置等是否正常。各部件完好后进行张力计的饱和。饱和工作包括陶土头、塑料管腔和真空表内部气泡的排出，排出后才能用于现场安装。

（2）仪器校核：正确安装后将张力计陶土头置于水中，饱和后指针读数约在表头蓝色区域"0"刻度线内，若没在该区域应调零。此后置于空气中使陶土头不接触任何物体，一段时间平衡后张力计读数应该在 80 附近。

现场张力计埋设前两个准备工作完毕后，按如下步骤进行安装。各步骤典型操作过程见图 6.7：

（1）定位并检查安装位置点的土面情况若有块径较大碎石应清除。用直径 25mm 的光圆钢筋（测得张力计的管腔外部直径为 23mm）钻洞至张力计需埋设深度后拔出钢筋。

（2）现场用黄土加清水配制成流塑状使其达到膏体或浆体状态，将配制好的浆体倒入钻好的洞内，黄土浆会排出洞中的空气而自动充满洞室，且能保护张力计下插过程中洞口边壁的黄土结构。

（3）将张力计插入埋设洞至预定深度，插入过程中会有部分黄土浆溢出，没有溢出的土浆完整密实地填充了张力计与黄土的间隙。之后采用橡胶槌在张力计周边适当用力砸一砸。

（4）在张力计与土面接触线之上约5cm用胶圈绑缠一橡胶皮，使胶皮像锥体面一样微微张开，张开度直径约5cm。伞形橡胶皮一方面防止雨水沿着张力计管体下渗，另一方面防止太阳直接对张力计周边土体暴晒使土体失水过快而开裂（图6.7）。

图6.7　现场土质覆盖层埋设的张力计

我国西北地区普遍较干旱，降雨较少。尽管西安地区是西北相对较湿润的地区，属于半湿润气候区，但从6月开始西安已经进入夏季高温多雨时期，和一年中的其他时候相比，降雨频率开始变得密集，降水以阵雨为主，历时较短，强度高。进入6月以来经常有雨，但这些降雨事件均为短时阵雨，降雨之后伴有强烈的日照和高温天气。根据气象站数据：6月累计降雨67.4mm。气温明显升高，白天中午最高气温达到37.8℃，空气湿度平均约50%。这种情况下覆盖层表层土体含水率变化剧烈，出现了较明显的开裂现象。经测试在覆盖层极端降雨之前，覆盖层浅层土体含水率在25%左右，中间层含水率在30%附近，底部土体在25%左右。降雨后伴有强烈的太阳照射，浅层土体的水分马上得以蒸发，但中间稍深层土体中水分没有及时蒸发而含水率上升，底部土体因降雨量小、历时短没能显著到达而含水率变化不明显。图6.8给出了极端降雨前覆盖层表层土的开裂情况。

现场降雨实验前，测试了黄土覆盖层细粒土中的初始基质吸力和体积含水率。测试结果表明：在降雨试验之前覆盖层土层0~20cm深度平均体积含水率约25.1%，中间深度黄土层15~75cm含水率为30.5%~32.3%，而底层深度黄土层60cm以下含水率约为26%。由不同深度土层含水率再经厚度积分可获得降雨前的初始条件储水量约248.3mm。黄土层不同深度的基质吸力测试结果如图6.9所示，可见黄土基质吸力在土层剖面分布并不均匀，表层深度（约15cm）的基质吸力为−30~−25kPa，中间层黄土（30～50cm）较小接近－30kPa，最底层黄土（约85cm）基质吸力比较大，为－20～－15kPa。

图 6.8 极端降雨实验前覆盖层初始条件现场情况

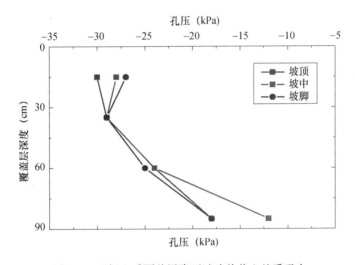

图 6.9 现场土质覆盖层降雨试验前黄土基质吸力

6.2 江村沟填埋场土质覆盖层极端降雨试验

在覆盖层现场试验基地建好后，降雨模拟系统安装调试好，张力计、TDR含水率探头等一切测试仪器安装就绪后，开始准备水源进行极端降雨试验。降雨试验于2014年4月开始，实验总降雨214.8mm，降雨雨强3.0mm/h。对比西安历史降雨数据：50年年均降水量为550mm，年降水量最大值为1983年的903.2mm。夏季极端降雨事件：根据文献夏季日极端降水值取25～30mm/d，连续降雨持续时间5～6天，降水总量为150～180mm。本次降雨214.8mm，从6月24日持续到6月30日，总降雨量、日降雨量和降雨时程曲线如图6.10所示。

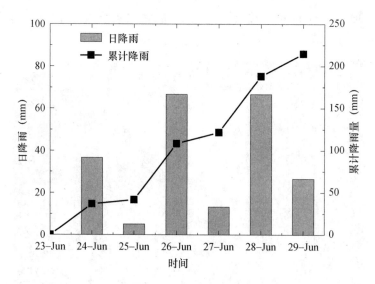

图 6.10　现场土质覆盖层极端降雨信息

极端降雨试验过程中，每日和每日内每隔两小时对现场覆盖层的黄土体积含水率、黄土层基质吸力和总降雨量、坡面径流量、渗漏量等各个水量的分配，进行了测试。本次降雨条件下，覆盖层的每日各水量分配见表 6.2。其中在降雨初期坡面径流量为零，降雨第二日才开始产生坡面径流量。土层渗漏量在降雨第四日才陆续开始监测到。各日各水量详细分配数据均为当日降雨夜间 18：00～22：00 分所测。

表6.2　降雨试验覆盖层各水量的分配情况

时间	水量平衡（mm）			
	坡面地表径流量	覆盖层土层的存储量	渗漏量	试验降雨累计量
6 月 23 日	0	0	0	0
6 月 24 日	0.29	36.63	0	36.63
6 月 25 日	0.29	41.73	0	41.73
6 月 26 日	0.57	108.33	0	108.33
6 月 27 日	0.92	118.9	1.79	121.65
6 月 28 日	1.47	181.7	5.08	188.25
6 月 29 日	1.7	204.8	8.3	214.8
6 月 30 日	1.7	201.8	11.3	214.8
7 月 1 日	1.7	199.97	13.13	214.8
7 月 2 日	1.7	199.57	13.53	214.8

由图 6.11 和表 6.3 可见，当降雨雨强在 3mm/h 的条件下，降雨基本全部入渗，92.9% 的降雨全部转化为土层存储，只有 0.8% 转化为坡面径流，约 6.3% 通过土层渗漏。在 6 月 29 日降雨结束后，渗漏量为 8.3mm，虽然降雨停止，但渗漏并没有结束，仍然继续持续到 7 月 2 日最终累计渗漏量为 11.53mm。本试验中坡面径流量比例较小，

土层入渗率高。这一方面是在试验初期设计时从节约水高效率的利用水，另一方面坡面径流量的成功控制也反映了试验前期理论分析的正确性。试验结束时覆盖层发生渗漏，表明本试验测试黄土盖层最大储水能力的目的已达到，试验可以结束。

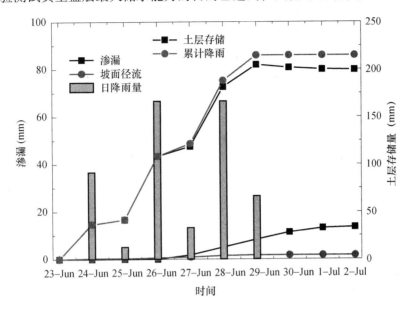

图 6.11　现场土质覆盖层极端降雨试验各水量分配

表 6.3　降雨试验结束后，覆盖层各水量分配比率

总降雨量	坡面径流量	土层存储量	渗漏量
214.8	1.7	199.57	13.53
100%	0.8%	92.9%	6.30%

本次试验采用了美国 Soilmoisture 公司所产的 jet-filled 2725 型张力计。土层张力计共有四种杆长型号，A 型张力计杆长 30cm，其中第 1、2、5、6、9、10 号张力计采用了这种型号。B 型张力计杆长 60cm，第 3、7 号张力计采用了这种型号；C 型张力计杆长为 90cm，其中第 4、8、11 号张力计采用这种型号；D 型张力计杆长为 150cm，第 12 号张力计采用了这种型号。各个张力计度数应经过杆长修正，故经过杆长修正后得到孔隙水压力随时间变化曲线，如图 6.12～图 6.14 所示。

图 6.12 是现场降雨试验覆盖层坡面不同位置、不同深度土层孔隙水压力（基质吸力）随时间变化曲线。图例中 T 表示张力计测试符号，R1、R2 和 R3 分别表示坡顶、坡中和坡脚三个剖面；15、35、60、85 表示仪器埋设深度分别为坡面下 15cm、35cm、60cm、85cm。其中深度 15cm 的仪器位于表层植被土中（植被土厚 30cm）；85cm 的仪器位于黄土-碎石交界面之上 5cm 的黄土层中。由图中可见：无论是坡顶，坡中还是坡脚，降雨初期，表层土基质吸力相应升高最快，其次为中间黄土，最后为底层黄土。张力计的相应过程反映了黄土水分从上向下运移的过程。当降雨达到一定量后（试验持续约 80h 后，发生渗漏），底部土体的孔压在三个坡面中达到最高。

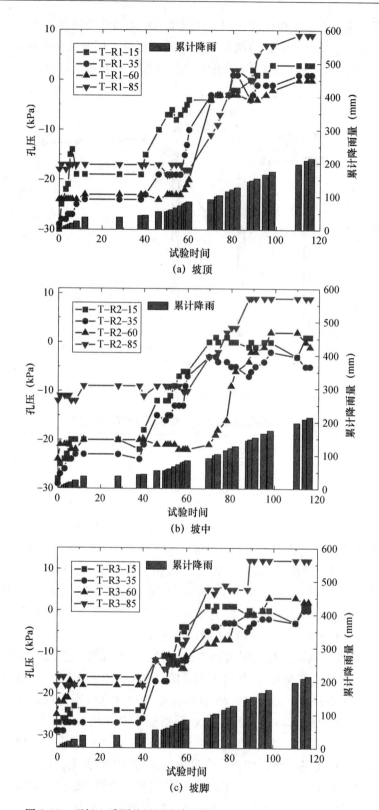

图 6.12　现场土质覆盖层极端降雨试验土层孔隙水压力变化情况

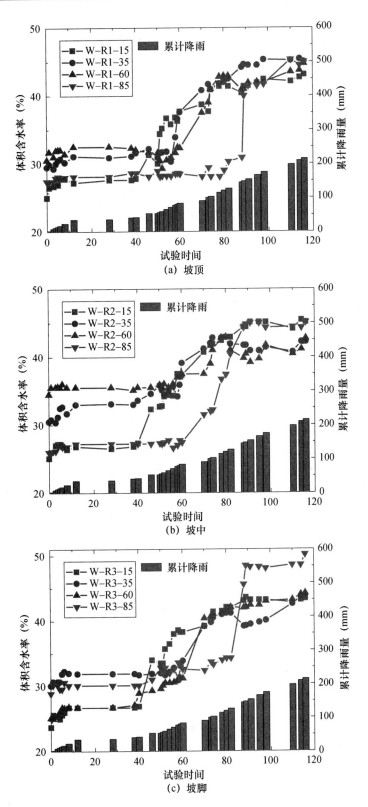

图 6.13 现场土质覆盖层降雨试验前土层体积含水率变化情况

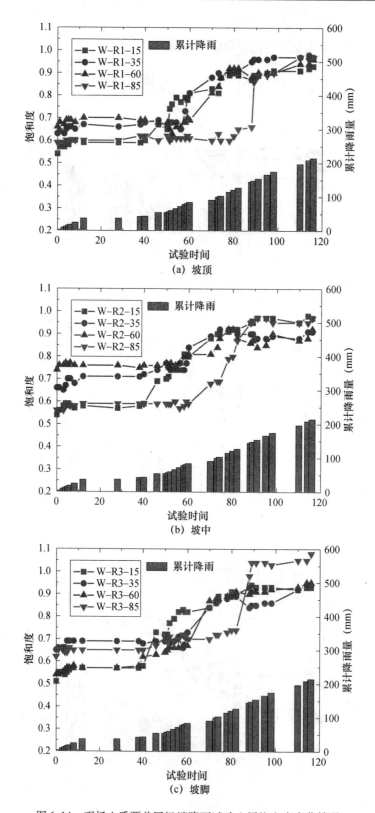

图 6.14　现场土质覆盖层极端降雨试验土层饱和度变化情况

图 6.13 是现场降雨实验覆盖层坡面不同位置、不同深度土层体积含水率随时间变化曲线。图例中 W 表示体积含水率测试符号，R1、R2 和 R3 分别表示坡顶、坡中和坡脚三个剖面；15、35、60、85 表示仪器埋设深度分别为坡面下 15cm、35cm、60cm、85cm。其中深度 15cm 的仪器位于表层植被土中（植被土厚 30cm）；85cm 的仪器位于黄土-碎石交界面之上 5cm 的黄土层中。由图中可见：无论是坡顶、坡中还是坡脚，底层土体的含水率在降雨初期（0～60h）都变化较小，这与水分在土体中慢慢下渗到最底层土有关系，但当降雨时间持续到 60～80h 后其内水分集聚升高，在这个突然升高的过程中实验监测到渗漏现象（监测时间是第 80h）。随着降雨的继续，当降雨历时 80h 之后，底层土体的含水率在三个坡面中达到最高。

图 6.14 是现场降雨实验覆盖层坡面不同位置、不同深度土层饱和度随时间变化曲线。同样，图例中 W 表示体积含水率测试符号，R1、R2 和 R3 分别表示坡顶、坡中和坡脚三个剖面；15、35、60、85 表示仪器埋设深度分别为坡面下 15cm、35cm、60cm、85cm。其中深度 15cm 的仪器位于表层植被土中（植被土厚 30cm）；85cm 的仪器位于黄土-碎石交界面之上 5cm 的黄土层中。由图中可见：无论是坡顶、坡中还是坡脚，底层土体的饱和度在降雨初期（0～60h）都变化较小，这与水分在土体中慢慢下渗到最底层土有关系，但当降雨时间持续到 30～50h 后其水分集聚升高。在降雨持续到 30～50h 后无论是坡顶、坡中还是坡脚，底层土体的饱和度在三个坡面中达到最高。此外坡脚 12#TDR 含水率测出经计算饱和度已经超过 1，这可能与土层的干密度，现场 TDR 含水率探头测试的稳定性和黄土层夯实的真实干密度有关。

土层含水率、基质吸力和含水率剖面随降雨试验天数的关系反映了极端降雨试验中，覆盖层黄土水分向下运移的过程。在试验过程中每 2h 对张力计和 TDR 测试数据进行现场测试。若以降雨天数为时间单位，以分别坡顶、坡中和坡脚的张力计读数和 TDR 体积含水率测试结果为对象，关注其在降雨过程中的变化能更形象和直观地展示水分的运移下渗和存储规律。极端降雨过程中孔隙水压力（基质吸力）见表 6.4。

表 6.4　极端降雨试验过程中覆盖层土层基质吸力读数

时间	张力计编号											
	1	2	3	4	5	6	7	8	9	10	11	12
2014/6/23	-30	-29	-24	-18	-28	-29	-24	-12	-27	-29	-25	-18
2014/6/24	-17	-24	-23	-17	-20	-23	-20	-9	-24	-27	-18	-16
2014/6/25	-19	-24	-23	-17	-22	-24	-20	-9	-26	-27	-18	-16
2014/6/26	-4	-10	-20	-18	-6	-7	-22	-10	-4	-12	-11	-7
2014/6/27	1	-2	-3	2	0	-5	-6	3	1	-3	-3	5
2014/6/28	-1	3	-2	7	0	-2	2	9	0	-2	3	12
2014/6/29	1	3	0	9		-5	-1	9	1	0	2	12

　　图6.15给出了覆盖层极端降雨试验过程中，坡顶、坡中和坡脚不同深度土层，从6月23日一直持续到6月29日，覆盖层黄土基质吸力（孔隙水压力）的变化情况。图中还给出了覆盖层从表层到底层的静水压线分布图。由图中可见：在坡顶、坡中和坡脚三个剖面降雨初期土体表层孔压高，随着降雨的持续土层的孔压剖面逐步发生变化，这种变化在26日、27日两天中可以看到一个明显的过渡。26日之前土层浅层孔压升高明显，底层孔压升高较慢，基本保持不变。而在27日后，底部孔压开始快速升高。降雨结束后底部土层孔压底部明显比上层土要高。底层土基质吸力（孔隙水压力）明显比上层土要高，推测可能是由于毛细阻滞作用导致水分在局部土层聚集作用造成的。若TDR测试体积含水率也有类似结论，基本可以下结论表明黄土碎石间毛细阻滞作用发挥了效果，阻滞了水分下移，增大了细粒土储水能力。

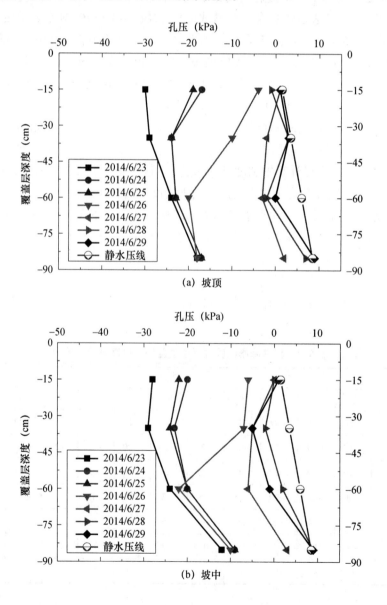

(a) 坡顶

(b) 坡中

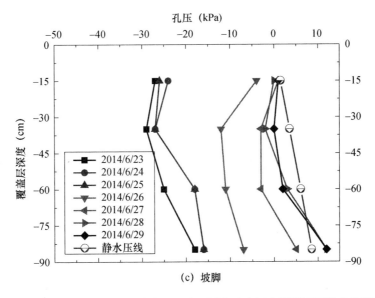

图 6.15　现场土质覆盖层极端降雨试验土层孔隙水压力随降雨天数变化情况

表 6.5 列出了极端降雨试验过程中坡中土层剖面含水率随时间的变化关系详细数据，其中 23 日为开始降雨日，29 日为降雨结束日。图 6.16 给出了现场黄土覆盖层坡顶、坡中和坡脚土层含水率时间的变化关系。

表 6.5　覆盖层土层剖面含水率随时间变化

深度	日期						
	23 日	24 日	25 日	26 日	27 日	28 日	29 日
15	25.1	28.8	29.1	37.3	42.9	45.1	43.1
35	30.5	33	33.3	39.1	42.9	40.9	42.2
60	34.5	35.5	35.1	37.5	42.9	39.7	42.7
85	26	27.2	27.2	27.4	37.4	45	45.1

图 6.16 给出了覆盖层极端降雨试验过程中，坡顶、坡中和坡脚不同深度土层，从 6 月 23 日一直持续到 6 月 29 日，覆盖层黄土体积含水率的变化情况。其中 23 日为开始降雨日，29 日为降雨结束日。由图中可见：在坡顶、坡中和坡脚三个剖面降雨初期土体表层含水率高，随着降雨的持续土层的含水率剖面逐步发生变化，这种变化在 26 日、27 日两天中有一个明显的过渡。26 日之前土层浅层含水率升高明显，底层含水率升高较慢，基本保持不变。而在 27 日后，底部含水率开始快速升高。降雨结束后土层含水率底部明显比上层要高。综上，TDR 测试体积含水率也证明渗漏发生后，底层黄土体积含水率比上层要高（前述张力计测试结果也有类似结论）。这表明黄土碎石间毛细阻滞作用发挥了效果，阻滞了水分下移，部分水分被阻滞在黄土-碎石界面，毛细阻滞作用确实增大了细粒土储水能力。

103

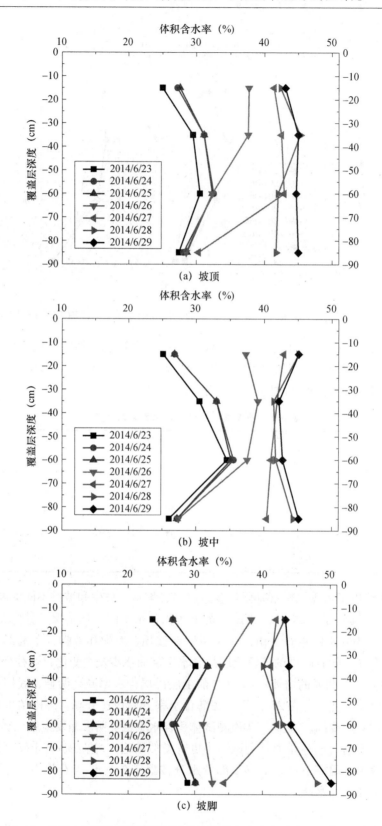

图 6.16　现场土质覆盖层极端降雨试验土层体积含水率随降雨天数变化情况

6.3　土质覆盖层防渗服役性状和性能评估

土质覆盖层在渗漏时刻的流量特征反映了其最大储水能力状态下，水分在其内的分布特性和水分存储规律。根据 Khire、Benson[34]、Morris、Stormont[40]、Denny Tami[5] 等对毛细阻滞覆盖层最大储水能力进行的研究：渗漏发生时刻，毛细阻滞细-粗粒土交界面的基质吸力为粗粒土进水值 φ_b，此时刻交界面上细粒土底层含水率为 θ_b。可进行如下简化计算：细-粗粒土交界面基质吸力 φ_b，以界面为起点细粒土基质吸力沿厚度方向呈线性增加，厚度 z 处基质吸力为 $z + \varphi_b$。土层总储水量 S_{fo} 可用下式计算：

$$S_{fo} = \int_0^L \theta(z + \varphi_b)\,\mathrm{d}z \qquad (6.2)$$

式中，L 为细粒土层厚度，φ_b 为粗粒土进水值，$(z + \varphi_b)$ 为以界面为起点，细粒土层厚度 z 处基质吸力，$\theta(z + \varphi_b)$ 为细粒土体积含水率和基质吸力之间的关系（如 VG 模型[47]）。

上述研究中表明在毛细阻滞覆盖层渗漏时刻，细-粗粒土交界面上体积含水率最高，随着土层厚度的增加，其基质吸力（孔隙水压力）随着土层厚度 z 的增加而逐渐线性降低，因而体积含水率逐渐减小。表 6.6 是现场覆盖层试验中渗漏开始出现时段土层剖面孔隙水压力的变化情况。图 6.17 是各个剖面不同深度土层孔隙水压力的发展变化规律。其中 80h 给予特别标注，是因为在现场极端降雨实验中于第 80h 监测到渗漏。

表 6.6　渗漏开始出现时段土层剖面孔隙水压力

降雨持续时间（h）	渗漏初始-孔隙水压力（经杆长修正）											
	1#	2#	3#	4#	5#	6#	7#	8#	9#	10#	11#	12#
70	−4	−3	−4	−11	0	−3	−21	−3	1	−5	−8	−5
73	−3	−3	−3	−9	1	−3	−19	−3	0	−4	−8	4
74	−3	−3	−3	−7	0	−4	−18	−2	1	−4	−7	5
78	−3	−3	−3	−3	1	−4	−16	2	1	−3	−7	6
80	**1**	**−2**	**−3**	**2**	**0**	**−5**	**−9**	**3**	**1**	**−3**	**−7**	**5**
82	1	−2	−3	2	0	−5	−6	3	1	−3	−3	5

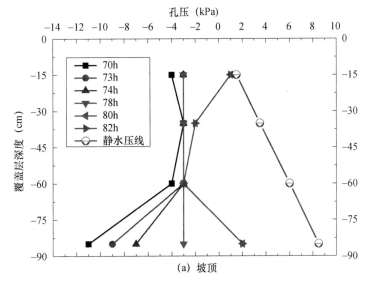

(a) 坡顶

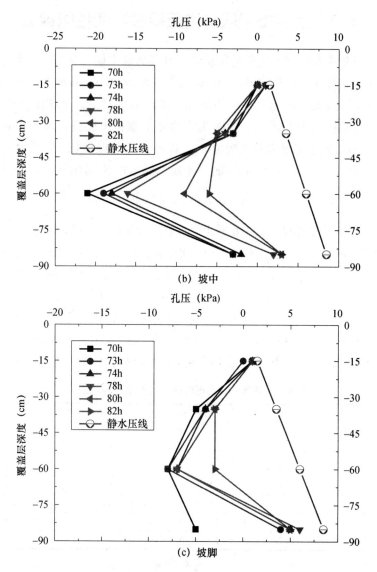

图 6.17　渗漏时间段覆盖层土层孔隙水压力变化情况

　　由于在试验过程中，是在降雨持续第 70~80h 测试到黄土覆盖层的渗漏，其中具体是在第 80h 监测到渗漏。故图 6.17 和表 6.6 只给出了 70~82h 不同剖面土层基质吸力的变化情况。由图 6.17 坡顶、坡中和坡脚三个剖面中明显可见，随着降雨的持续底部土层孔压逐渐增大。在降雨持续第 82h 时刻，土层底层的基质吸力明显比上层土要高，且均已略微超过 0kPa，而出现正孔隙水压力。这表明在土层底部有静水聚集。至于黄土层出现静水聚集，下文还将进一步分析。

　　表 6.7 是现场覆盖层试验中渗漏开始出现时段土层剖面体积含水率的变化情况。图 6.18 是各个剖面不同深度土层体积含水率的发展变化规律。其中 80h 给予特别标注，是因为在现场极端降雨试验中于第 80h 监测到渗漏。

表 6.7 渗漏时间段土层剖面体积含水率

降雨持续时间（h）	渗漏初始-各点体积含水率（%）											
	1#	2#	3#	4#	5#	6#	7#	8#	9#	10#	11#	12#
70	38.7	40.8	37.5	28.1	40.7	41.2	37.5	31.5	39.2	39.2	40.4	32.4
73	37.7	41.7	39	29.4	41.7	42	39	32	40	39.8	40.7	33.7
74	40.9	41	41	28.1	41.9	42.8	41	32.2	41.4	40.5	41.1	33.3
78	41.4	41.8	42.8	28.1	42.4	42.8	42.8	36.7	41.5	41	41.3	34
80	**42.4**	**42**	**42.9**	**29**	**42.9**	**42.9**	**42.9**	**37.4**	**42.1**	**41.2**	**41.4**	**34.3**
82	41.4	42.5	42.9	30.3	42.9	41.9	41	40.4	42	41.2	42.1	34.3

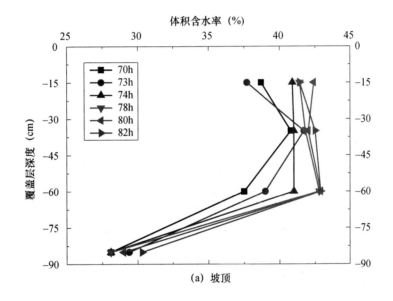

(a) 坡顶

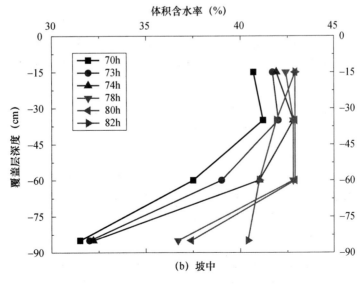

(b) 坡中

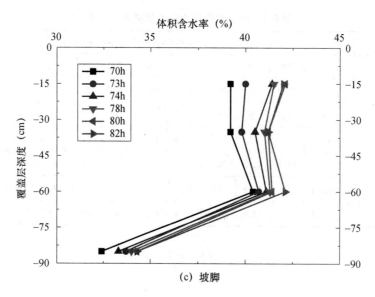

图 6.18　渗漏时间段覆盖层土层体积含水率变化情况

　　同样，在试验过程中，降雨持续第 70～80h 测试到黄土覆盖层的渗漏，其中具体是在第 80h 监测到渗漏。故图 6.18 和表 6.7 只给出了 70～82h 不同剖面土层体积含水率的变化情况。由以上三个含水率剖面可见在渗漏出现时，三个剖面有着一致的含水率规律，即土层表层含水率高，底层含水率低。此外，底部 TDR 监测到的体积含水率并不如想象中的高，坡顶底层土的含水率在 30% 附近，坡中底部土层的含水率为 30%～40%，而坡脚底部土层的含水率为 30%～35%。这说明在渗漏开始出现时，底层大部分土体的储水能力并没有得到充分的发挥。但张力计测试结果表明底层土张力计测试数据已接近 0kPa 或出现正的孔隙水压力。即在刚测试到渗漏时，张力计测出的底部孔隙压力较大但 TDR 测试到的含水率较低，出现了张力计和 TDR 测试结果不一致的问题。

　　我们分析可能有如下原因：在降雨时，张力计上部土层杆子周围的含水率比较高，这些水分沿着张力计的杆子下流先一步达到张力计探头。而 TDR 埋设是在施工中埋设的，土体密实，且导线并不在探头上方，TDR 测试的是附近周围土体的平均含水率，即使在某些点有一些水分先一步渗下去，但对周围土体的平均含水率升高影响较小。从这个角度来说，张力计的响应可能会偏快，而 TDR 的响应则偏慢。然而渗漏的发生并不是要底部土层的含水率都要升高才发生，而是在某一点含水率升高，当其负的孔压达到粗粒土进水值后渗漏便从这里先一步发生。因而，渗漏的判断应该以孔压为准来判断。这个推断也是合理的，因为随着降雨的继续，当渗漏量达到 3mm 时可以看出这个现象已经消失了，这是因为水分继续下渗 TDR 探头附近周围土体的含水率都升高了。此外，此处也表明土质覆盖层在设计厚度时，算出储水能力后一定要适当地放大，有一定的安全放大系数是必不可少的。

　　根据毛细阻滞覆盖层储水理论，当粗细粒土界面间的孔压达到粗粒土的进水值时，渗漏开始发生。本实验在极端降雨试验过程中的 80h 监测到渗漏现象，由于在降雨试验中观测到渗漏现象的滞后性（渗漏的水分会逐步经历底部碎石层、底部 HDPE 膜、渗漏收集管等媒介而逐步流向渗漏收集池），导致观测到的渗漏时间比真实渗漏发生点要延迟一些时间。因此真实渗漏时间应该是在 80h 以前的某个时间段。下面以现场黄土覆盖层坡顶、坡中和坡脚三个剖面基质吸力（孔隙水压力）准确判断渗漏时间。

由上面坡顶、坡中和坡脚渗漏发生时间段土层孔压的分布，可判断坡顶渗漏的时间是在 78～80h，推测取值为 78h；坡顶、坡中和坡脚三个位置实际上渗流时间是不同的，从图 6.19 详细来看根据土层底部基质吸力变化情况，坡中是在 74～78h，推测取值为 78h；而坡脚是在 70～73h，推测取值为 73h。由时间来看，从坡顶、坡中到坡脚渗漏发生的时间越早。这可能与土层中水分由坡顶向坡脚向下运移有关。

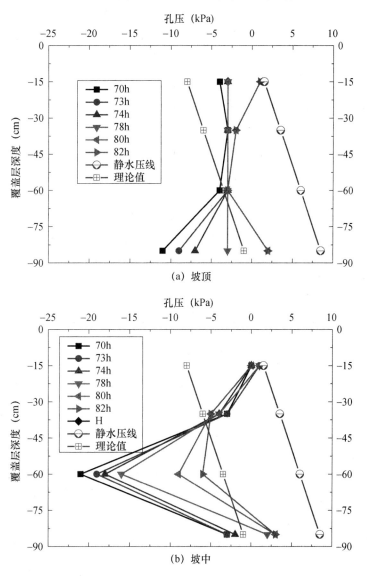

(a) 坡顶

(b) 坡中

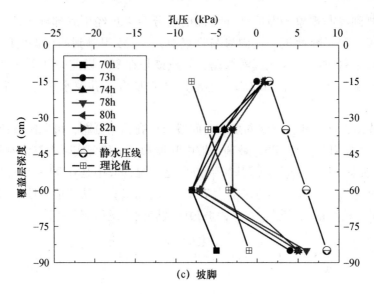

图 6.19　渗漏时间段覆盖层土层孔隙水压力、静水压线、理论值对比

在开始渗漏时从土的体积含水率和饱和度可判断土层没有饱和区，此外，从土层的孔隙水压力来看，在 73h 之后坡脚底层土体存在有一定的孔隙水压力，压力值约为 5kPa。这可能是由于坡脚这些张力计附近底部土层与碎石界面间分布有一层薄薄的静水有关。从坡中与坡顶的土层孔压来看，这层静水应该只在坡脚局部区域有分布。

表 6.8 为美国土质覆盖层防渗性能评估项目（Alternative Cover Assessment Program-ACAP）中评价土质覆盖层的防渗效果推荐采用的评估标准。根据该防渗标准可见，在一些干旱和半干旱地区当干湿指数小于 0.5 时，覆盖层年渗漏水量不得超过 10mm，在湿润气候区（干湿指数大于 0.5），覆盖层年渗漏水量不得大于 30mm。详细见表 6.8：

表 6.8　土质覆盖层的目标防渗率

覆盖层类型	年最大渗漏量（mm/a）	
	干旱、半干旱气候区 $P/PET < 0.5$	湿润气候区 $P/PET > 0.5$
黏土覆盖层	10	30
复合覆盖层	3	3

根据以上标准，再按我国西北地区，主要为半湿润半干旱和干旱气候区，其中西安为相对较湿润的地区，为半湿润气候。根据该标准西安地区填埋场土质覆盖层的年渗漏标准为 3mm。故下文分别给出并分析了在极端降雨事件中试验进行到 95h，覆盖层渗漏量达 3mm 的时候，水分在黄土层当中的运移和存储分布特性。表 6.9 为渗漏量达 3mm 时间段土层孔隙水压力分布，图 6.20 为渗漏量达 3mm 时间段土层孔隙水压力分布变化规律。为便于分析，时间段给出了以 95h 为中心，从 82h 持续到 116h 的数据。

表 6.9　渗漏量达 3mm 时黄土土层孔隙水压力

降雨持续时间（h）	渗漏 3mm 孔隙水压力											
	1#	2#	3#	4#	5#	6#	7#	8#	9#	10#	11#	12#
82	−4	0	−4	0	−1	−7	−4	9	−2	−5	−1	5
88	1	−2	−3	2	0	−5	−6	3	1	−3	−3	5
89	−3	2	−3	0	0	−6	−2	9	0	−4	−1	12
91	−1	1	−4	5	−1	−5	−2	9	−1	−3	−1	12
95	**−1**	**1**	**−3**	**7**	**0**	**−4**	**−1**	**9**	**0**	**−2**	**0**	**12**
98	−1	3	−2	7	0	−2	2	9	0	−2	3	12
110	1	3	0	9	−3	−3	2	9	−3	−3	3	12
114	1	3	0	9	1	−5	0	9	1	0	2	12
116	1	3	0	9	1	−5	−1	9	1	0	2	12

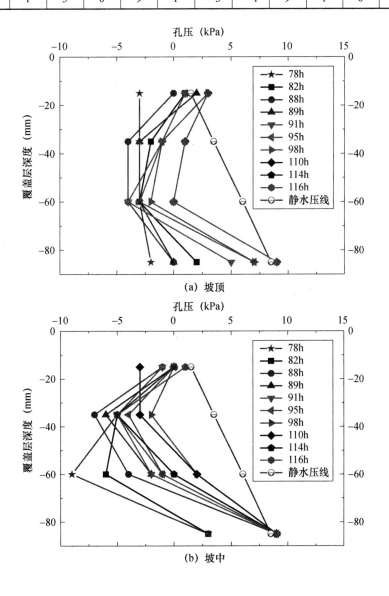

(a) 坡顶

(b) 坡中

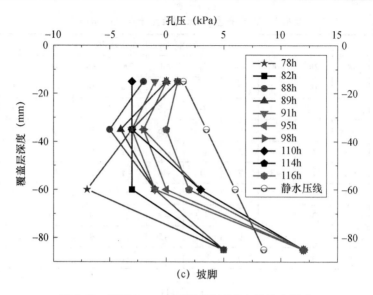

图 6.20 渗漏 3mm 时间段覆盖层黄土孔隙水压力

随着降雨的继续，在实验进行到 95h，现场监测到渗漏量达到 3mm。此时覆盖层坡顶底层土的孔隙水压力为 −5 ~ 5kPa、覆盖层坡中底层土的孔隙水压力为 0 ~ 5kPa，而坡脚底层土的孔隙水压力为 5 ~ 10kPa。可以看出越到坡脚其孔隙水压力越大，而坡顶最小；但不论是坡顶、坡中还是坡脚，全坡面底层土的孔隙水压力都达到 0kPa，甚至出现正的孔隙水压力。这表明在黄土-碎石交界面的毛细阻滞作用已经失效，水分全域击穿黄土层，覆盖层发生大面积渗漏。

同样，表 6.10 给出了现场极端降雨试验中，试验进行到 95h，渗漏量达 3mm 时间段，土层剖面体积含水率的分布情况；图 6.21 为渗漏量达 3mm 时间段土层孔隙水压力分布变化规律。同样为便于分析，时间段给出了以 95h 为中心，从 82h 持续到 116h 的数据。

表 6.10　渗漏 3mm 时间段土层剖面体积含水率

降雨持续时间 （h）	渗漏 3mm 时体积含水率											
	1#	2#	3#	4#	5#	6#	7#	8#	9#	10#	11#	12#
82	42.4	42	42.9	29	42.9	42.9	42.9	37.4	42.1	41.2	41.4	34.3
88	40.4	44.2	40.9	30.9	44.4	41.7	39.8	44.3	43.1	39.2	42	45.6
89	41.4	44.6	41	40	44.4	41.7	40.4	44.8	43.6	39.3	42.1	48.5
91	41.5	44.5	41.9	41.5	45.1	40.9	39.2	45	43.2	39.5	42.4	48.3
95	**41.9**	**44.5**	**42**	**41.5**	**45.1**	**40.9**	**39.7**	**45**	**43.2**	**39.8**	**42.4**	**48.3**
98	42.4	45.3	42	41.7	45.1	41.4	41.7	44.3	43.2	40.1	43	48.1
110	42.1	42.2	43.5	45.3	42.1	40.7	40.4	44.4	40.8	39.6	43.2	48.6
114	42.7	41.4	43.6	45	43.1	42.2	41.1	44.3	40.2	39.6	44	48.6
116	43.1	45	43.7	45	43.1	42.2	42.7	45.1	41.2	39.9	44.2	50.2

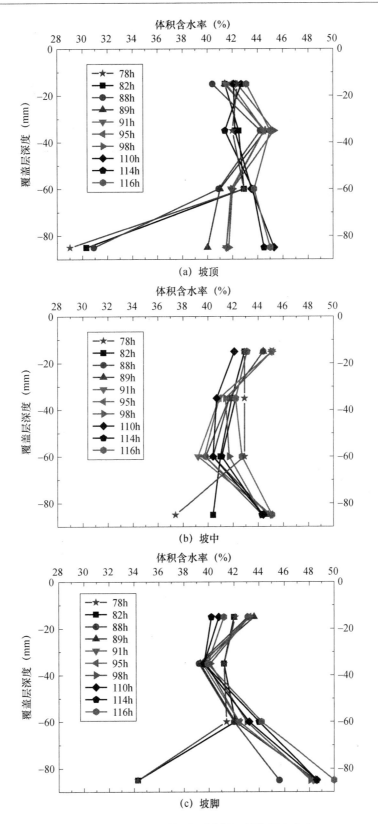

(a) 坡顶

(b) 坡中

(c) 坡脚

图 6.21　渗漏 3mm 时间段覆盖层土层体积含水率

从渗漏达到3mm时以上覆盖层坡顶、坡中和坡脚的各土层的体积含水率可以看出：当渗漏发生一段时间后底层土的含水率才开始明显升高。具体而言，覆盖层坡顶是在89h时，底层土的含水率突然升高，覆盖层坡中和坡脚都是在82h时底层土的含水率升高，达到40%以上。这个时候土层底部的含水率虽然都已经大幅升高，发挥了储水作用，但此时渗漏量已经达到3mm。这也进一步说明了毛细阻滞覆盖层底层土在渗漏开始出现时，其储水能力并不能得到完全的、充分的发挥。若以渗漏开始点为控制标准进行设计，其厚度必须要考虑一定的放大系数。这个安全系数需要在后期的进一步研究中确定。

表6.11和图6.22给出了现场极端降雨试验中，试验进行到95h，渗漏量达3mm时刻，覆盖层各水量分布情况。

表 6.11　渗漏 3mm 储水量平衡分析

时间	（渗漏 3mm）水量平衡（mm）			
	坡面径流	土层存储	渗漏	累计降雨
23-Jun	0	0	0	0
24-Jun	0.29	36.63	0	36.63
25-Jun	0.29	41.73	0	41.73
26-Jun	0.57	108.33	0	108.33
27-Jun	0.92	118.9	1.79	121.65
28-Jun	1.17	158.03	3.08	162.28

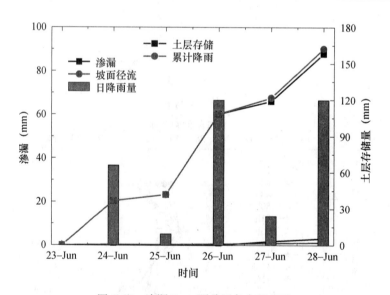

图 6.22　渗漏 3mm 覆盖层各水量分配

由表6.12可见当渗漏达到3mm时，累计降雨达到162.28mm。其中土层存储了约97%的水分，渗漏3mm。当土层渗漏量达到3mm时，坡顶和坡中底部土层孔隙水压力达到约5kPa，坡脚底部土层达到约10kPa，含水率已达到45%。结合饱和度数据分析虽然没有达到100%，但已经达到97%左右了。根据前期在室内做黄土饱和过程要想达到土体 100% 的饱和状态是比较困难的。故推测其底部存在一饱和区，这条饱和线位置推测如图 6.23 所示。

表 6.12　渗漏 3mm 覆盖层各水量分配表和比率

坡面径流	土层存储	渗漏	累计降雨
1.17	158.03	3.08	162.28
1.7%	97.4%	1.9%	100%

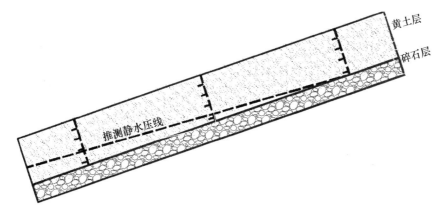

图 6.23　降雨试验结束时刻推测覆盖层水分分布

通过本次现场覆盖层极端降雨实验可进行储水能力实测与理论计算值对比以及毛细阻滞作用发挥分析对比。在做本分析之前先看图 6.24 ~ 图 6.26：三个图分别是坡顶、坡中和坡脚三个剖面推测渗漏时刻，覆盖层各深度土层的实测孔隙水压力值（或基质吸力）、毛细阻滞覆盖层的理论储水值和单一土质覆盖层（如本书第 3、4 章所述单一型土质覆盖层水分存储上限 33kPa）条件下的土层孔隙水压力值（或基质吸力）分布规律。

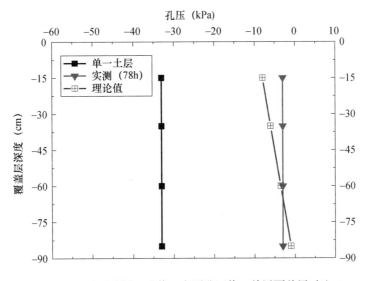

图 6.24　坡顶渗漏理论值、实测孔压值、单层覆盖层对比

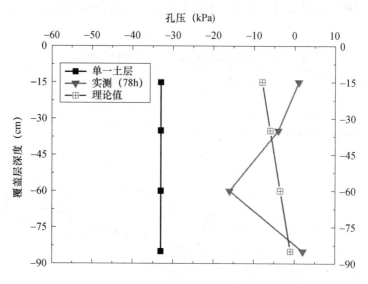

图 6.25　坡中渗漏理论值、实测孔压值、单层覆盖层对比

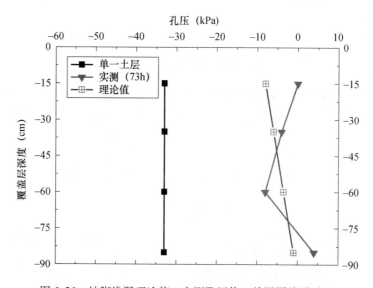

图 6.26　坡脚渗漏理论值、实测孔压值、单层覆盖层对比

　　试验中根据测试到的渗漏开始时间会延后，故向前推测的覆盖层实际储水能力对应于图 6.24 ~ 图 6.26 中的三角形线条，有两种算法：

　　（1）根据实验中 TDR 的数据可以计算土层中的储水量。

　　（2）根据实验过程中的水量平衡，由总降雨量减掉坡面径流和渗漏量后得出。

　　其中算法（1）根据 TDR 测试含水率计算储水量的过程如下：在覆盖层中共埋设了 12 支 TDR，埋设深度为 15cm、35cm、60cm 和 85cm，每个深度在坡上、坡中和坡脚各有一支 TDR，计算中取这三支 TDR 的平均数作为计算值再乘以相应的厚度然后四层相加。得出总储水量后减掉土层在 1500kPa 时的残余含水量后就得表 6.13 中的可用总存储量。计算中土层的实际深度取 1.0m，计算结果如下。

表 6.13　极端降雨试验覆盖层实测储水量（mm）

降雨历时	算法 1：由实测 TDR 计算			算法 2：水量平衡	两者差值
	降雨后土中可用存储量	降雨前初始值	本次降雨净增量		
根据坡顶和坡中推测	78	255.07	138.15	116.92	112	4.9
根据坡脚推测	73	238.48	138.15	100.33	97	3.3

根据 Benson 等[20]的研究，由毛细阻滞覆盖层的储水理论计算值可用储水能力对应于图 6.24～图 6.26 中的田字格线条。用 V-G 模型[47]算法如下：

边界条件：初始储水点，基质吸力 1500kPa 所对应储水量。渗漏发生点：底层孔隙水压力值（或基质吸力）0.5kPa，随着深度增加，孔压线性增加（Chen，1999 等）。

参数：中间 60cm 核心黄土层根据室内实测得 $p_d = 1.45 g/cm^3$ 的土水特征曲线 SWCC（表 6.14）；顶部 30cm 植被层根据室内测得 $p_d = 1.35 g/cm^3$ 的土水特征曲线 SWCC（表 6.14）。

表 6.14　覆盖层黄土 V-G 模型计算参数

$p_d = 1.45 g/cm^3$	饱和体积含水率 s	47.14%
	残余含水率 r	14.21%
	进气值有关的倒数 a	0.35
	脱水斜率 n	1.34235
$p_d = 1.35 g/cm^3$	饱和体积含水率 s	49.84%
	残余含水率 r	12.75%
	进气值有关的倒数 a	0.34
	脱水斜率 n	1.375

计算结果：在当底部基质吸力达到 0.5kPa 时，该黄土-碎石覆盖层理论计算渗漏时可用总储水量为 267.83mm。覆盖层理论计算可用储水能力和实际可用储水能力对比计算见表 6.15。

表 6.15　覆盖层理论计算可用储水能力和实际可用储水能力对比

理论计算渗漏时可用总储水量	降雨前初始值	理论计算渗漏发生时降雨量	实测降雨量（算法 1：由 TDR）		
267.83	138.15	129.68	根据坡顶和坡中推测	78h	116.92
			根据坡脚推测	73h	107.42

以上计算结果和数据对比有如下结论：

（1）由坡顶、坡中和坡脚判断渗漏时间有一定区别，坡顶、坡中出现渗漏的时间都是在 78h，而坡脚在 73h，要提前 5 个小时。

（2）由表 6.15 可见：发生渗漏时理论计算降雨量为 129.68mm，而根据坡顶和坡中判断降雨持续时间 78h，实测降雨量为 116.92mm。理论算法比实际测试到的储水能力相比稍大，约大 10%。而根据坡脚判断降雨持续时间 73h，降雨量为 107.42mm。理论算法与实际测试到的储水能力相比要大约 17%。

此外，对于在本次极端降雨试验中黄土-碎石间毛细阻滞作用能否发挥，可由如下三点得知黄土-碎石间存在毛细阻滞作用，确实增大了黄土层的储水能力：

（1）结合单一土层的储水能力，当其孔压为 −33kPa 时与本实验同一厚度和土料的单一土质覆盖层理论计算储水量为 81.75mm；而本次试验测试到的毛细阻滞覆盖层储水能力为 116.92mm，三者对比见表 6.16，这说明毛细阻滞作用发挥了。

（2）渗漏发生点底层黄土的负孔压值明显高于单层土渗漏发生时的孔压值。

（3）底层土含水率要高于中间层土的含水率。按照单层土的降雨入渗过程，其湿润峰分为饱和区、非饱和区和过渡区，水分由入渗点向下含水率逐渐降低。而本次试验测试到覆盖层底层土的含水率要高于上部土层。这是因为水分下渗到界面后因毛细阻滞作用被滞留在这个界面才会出现下部土层比上部土层含水率要高。

表 6.16　实测储水能力、单一土质覆盖层可用储水能力、毛细阻滞覆盖层可用储水能力对比　（mm）

本次降雨实测储水能力 （推测时间 78h）	单一覆盖层本次可用 储水能力（理论值）	毛细阻滞覆盖层可用 储水能力（理论值）
116.92	81.75	129.68

通过本次极端降雨试验获得如下结论：

（1）试验结束水分和孔压分布：底层土要高于表层土，这和单层土降雨入渗有一定区别。按照单层土的降雨入渗过程，其湿润峰分为饱和区、非饱和区和过渡区，水分由入渗点向下含水率逐渐降低。而本次试验测试到：覆盖层底层土的含水率要高于上部土层。这是因为：水分下渗到界面后因毛细阻滞作用被滞留在这个界面才会出现下部土层含水率比上部土层含水率要高。

（2）经过张力计读数修正后，考察本次实验中渗漏出现的时间点，可判断此次渗漏开始出现的点不是由优先流导致而发生，因为在渗漏发生时底部黄土-碎石界面的基质吸力已经达到碎石的进水值（0.5kPa），且坡顶、坡中和坡脚的基质吸力基本都达到该值，在结合底部土层的孔隙水压力和体积含水率可综合判断渗漏开始点是由于底部毛细阻滞失效而导致的。

（3）在渗漏开始出现时底部土层的储水能力并没有充分的发挥。渗漏开始出现时坡顶底层土的含水率在 30% 附近，坡中底部土层的含水率为 30% ～40%，而坡脚底部土层的含水率为 30% ～35%。这说明在渗漏开始出现时，底层大部分土体的储水能力并没有得到充分的发挥，而在局部少数点已经开始发生渗漏。这说明水分突破毛细阻滞效应并不是在界面同时、全局性的大规模突破，而是在某些点优先突破。因而底部的大部分土层储水能力得不到充分的发挥。这说明：土质覆盖层在设计厚度时，算出储水能力后一定要适当地放大，有一定的安全放大系数是必不可少的。

（4）降雨初期表层土水分较高，底层土水分最低；而在降雨后期底层土水分快速升高，明显高于浅表层和中间层位置的土。分析原因可能是由于降雨过程前期由于水分是从上到下由浅层向底层渗透，因此浅层土的含水率要高于底层土；而随着降雨的进行当水分达到底层土后由于底层土的毛细阻滞作用使得水分不能继续向下运移，而聚集在底层土从而使其含水率快速升高。实验后期当覆盖层开始出现渗漏到实验结束时，测得底层土体水分要显著高于中下层土体。综上，毛细阻滞覆盖层上下层水分含量高低发生转变的时间点正是毛细阻滞效应开始发挥作用的时间。

（5）根据本次极端降雨总量、覆盖层渗漏时刻的储水量（116.92mm）和渗漏 3mm 时刻覆盖层储水量（158.03mm）；结合西安地区 50 年的气象条件和年降雨数据可知：由黄土-碎石组成的毛细阻滞覆盖层，在黄土厚 0.9m 的条件下，基本能满足防渗要求。但在工程实际应用中，建议在满足防渗功能的前提下，还应适当增加防止水土流失、冻融循环等不利条件的保护性黄土层。

第7章 结 语

填埋和焚烧是当前我国生活垃圾处理的主要方式。目前，我国有近千座垃圾填埋场面临库容饱和而急需封场治理。在一个库容接近饱和的填埋场封场治理过程中，封顶覆盖的主要功能是防止降雨入渗以减少渗滤液的产量，即防渗。当前，无论是我国还是北美、欧洲等地的工程实践均表明：传统黏土覆盖层、复合覆盖层在填埋场长期服役过程中面临黏土层结构开裂、土工膜拉裂失效或尖锐物体穿刺、土-膜界面滑移等诸多缺陷，导致传统覆盖层防渗性能大幅降低而不能满足防渗要求。土质封顶覆盖层（soil cover）由天然非胀缩性土构成，利用非饱和土的储水特性降雨时存储入渗水分，晴朗时蒸腾蒸发释放水分，通过水分的存储-释放循环而实现防渗功能。北美中、西部地区已有大量成功应用的案例，甚至在采用土质覆盖层封场治理后的垃圾填埋场上建设高尔夫球场的案例。大量的工程应用经验和我国诸多学者的研究均表明，在干旱、半干旱等非湿润气候区，其具有良好的实用性、耐久性和经济性。

本书首先介绍了土质覆盖层的防渗原理，总结了国内外研究文献中出现的土质覆盖层的细粒土、粗粒土等土料特性；引用借鉴了北美地区土质覆盖层防渗设计方法，进一步考虑毛细阻滞作用对细粒土储水能力的提高效应，提出了毛细阻滞覆盖层初步厚度设计方法；根据我国各地气候条件，以西北地区非湿润气候条件为案例分析并初步设计了黄土-碎石毛细阻滞覆盖层的结构、土料和厚度。最后，在西安江村沟垃圾填埋场现场建设了 600m^2 黄土覆盖层试验基地并在基地开展了极端降雨试验，通过极端降雨试验实测储水能力对土质覆盖层防渗性能进行了检验和评估。这是我国城镇生活垃圾填埋处理领域的第一次尝试。

在这些工作中还有一些不足，比如覆盖层实际服役水力参数可能会随着时间的延长，干-湿、冷-暖、冻-融循环以及动植物生长对土体结构的破坏（或改良）作用，势必会发生变化。此外，因本书中研究案例数量的关系，实验中具体数据如第6章"发生渗漏时理论计算降雨量为 129.68mm，而根据坡脚渗漏时间实测降雨量为 107.42mm；理论算法比实际测试到的储水能力相比要大约 17%"。事实上该具体测试值与本研究中现场覆盖层施工质量，黄土的夯实均匀性等有密切的关系。仅凭本书中一个研究项目难以概括我国众多的填埋场封场治理项目从实验室理论研究到现场工程实际应用间的"差距"。但学海无涯，研究之路漫漫，放眼回望，其至少为土质封顶覆盖层防渗性能的设计与评估提供了重要参考数据。尽管我国对土质覆盖层的研究方兴未艾，但从实验室到填埋场之间的"距离"仍然有许多工作要做。

最后，感谢浙江大学建筑工程学院环境土工科研组对本书试验提供的场地和经费支持。

参考文献

［1］ Bussiere B, Aubertin M, Chapuis R P. The behavior of inclined covers used as oxygen barriers. Can. Geotech. J., 2003, 40 (3)：512-535.

［2］ Yang H, Rahardjo H, Leong E C, et al. A study of Infiltration on Three Sand Capillary Barriers ［J］. Can. Geotech. J. 2004, 41：629-643.

［3］ Aubertin M, Cifuentes E, Apithy S A, Bussiere B, et al. Analyses of water diversion along inclined covers with capillary barrier effects ［J］. Canadian Geotechnical Journal, 2009, 46：1146-1164.

［4］ Aubertin M, Cifuentes E, V, Martin, et al. An Investigation of Factors that Influence the Water Diversion Capacity of Inclined Covers with Capillary Barrier Effects ［J］. Unsaturated Soils, 2010, 27 (2), 613-624.

［5］ Denny Tami, Harianto Rahardjo, Eng-Choon Leong, et al. Design and laboratory verification Design and laboratory verification of a physical model of sloping capillary barrier-Denny Tami, Can. Geotech ［J］. 2004, 41：814-830.

［6］ Rahardjo H, Krisdani H, Leong E C. (2007). Application of Unsaturated Soil Mechanics in Capillary Barrier System. Proceedings of the 3rd Asian Conference on Unsaturated Soils, May, 2007, Nanjing, China. pp. 127-137.

［7］ Janine soil water storage capacity and available soil moisture, Can. Geotech ［J］. 2002, 41：1.

［8］ Lee Min Lee, Azman Kassim, Nurly Gofar, Performances of two instrumented laboratory models for the study of rainfall infiltration into unsaturated soil ［J］. Engineering Geology 117 (2011) 78-89.

［9］ DENNY Tami, HARIANTO Rahardjo, Eng-Choon Leong, and Delwyn G. Fredlund. A Physical Model for Sloping Capillary Barriers ［J］. Geotechnical Testing Journal, 2007, 27 (2), 1-11.

［10］ H. Rahardjo, V. A. Santoso, E. C. Leong, M. ASCE, Y. S. Ng, and C. J. Hua. Performance of an Instrumented Slope Covered by a Capillary Barrier System ［J］. Journal of geotechnical and geoenvironmental engineering, 2012. 138, 481-490.

［11］ Albright W H, Benson C H, Gee G W, et al. Field Performance of a Compacted Clay Landfill Final Cover at a Humid Site ［J］. J. Geotech. Geoenviron. Eng., 2006, 132 (11)：1393-1403.

［12］ 中华人民共和国住房和城乡建设部. GB 50869—2013. 生活垃圾卫生填埋处理技术规范 ［S］. 北京：中国建筑工业出版社, 2004.

［13］ CHARLES W. W. NG, Jian Liu, Rui Chen, Jie Xu. Physical and Numerical Modeling of an Inclined Three-layer Capillary Barrier Cover Systerm under Extreme Rainfall. ［J］. Waste Management.

［14］ 钱学德, 郭志平, 等. 现代卫生填埋场的设计与施工 ［M］. 北京：中国建筑工业出版社, 2000.

［15］ Albright W H. (2005) Field water balance of landfill final covers ［D］. PhD Thesis, University of Nevada, Reno, USA.

［16］ Chiu A C F, Zhu W, Chen X D. Rainfall infiltration pattern in unsaturated clayey silt ［J］. Journal of Hydrologic Engineering, ASCE, 2009, 14 (8), 882-886.

[17] Albright W H, Benson C H, Gee G W, et al. Field water balance of landfill final covers [J]. Journal of Environmental Quality, 2004, 33: 2317-2332.

[18] 刘川顺, 赵慧, 罗继武. 垃圾填埋腾发覆盖系统渗沥控制试验和数值模拟 [J]. 环境科学, 2009, 30 (1): 289-296.

[19] Dwyer S F. Finding a better cover. Civil Engineering [J]. ASCE, Reston, Virginia, USA, 2001, 71 (1), 58-63.

[20] Craig H. Benson. Final Covers For Waste Containment Systems A North American Perspective, XVII conference of geodesics of Torino "Control and Management of Subsoil Pollutants" November 23-25, 1999.

[21] Benson C H. (2007). Modeling Unsaturated Flow and Atmospheric Interactions. Theoretical and Numerical Unsaturated Soil Mechanics, Springer Berlin Heidelberg. pp: 187-202.

[22] Fredlund D G, Morgenstern N R, Widger R A. The shear strength of unsaturated soils [J]. Canadian Geotechnical Journal, 1978, 15 (3): 313-321.

[23] CHEN, C. (1999), Meteorological Conditions for Design of Monolithic Alternative Earthen Covers (AEFCs), MS Thesis, University of Wisconsin, Madison, Wisconsin, USA.

[24] Gardner W R. Some steady state solutions of unsaturated moisture flow equations with applications to evaporation from a water table. Soil Sci. 85: 228-232.

[25] Fredlund D G, Rahardjo H. Soil mechanics for unsaturated soils [M]. John Wiley, New York, 1993.

[26] Morris C E, Stormont J C. Capillary barriers and subtitle D covers: estimating equivalency [J]. Journal of Environmental Engineering, 1997, 123 (1), 3-10.

[27] Edlefsen N E, Anderson A B C, 1943. Thermodynamics of soil moisture. Hilgardia 15: 2: pp. 31-298.

[28] Horton R E. (1940). An approach towards a physical interpretation of infiltration capacity [J]. Soil Sci. Soc. Am. Proc., 5, 399-417.

[29] Green W H and Ampt G A. (1911). Studies on soil physics. Part 1. The flow of air and water through soils [J]. Journal of Agricultural Science, 1911, 4 (1): 1-24.

[30] Kampf M, Holfelder T, Montenegro H. Identification and parameterization of flow processes in artificial in capillary barriers [J]. Water Resource Research, 2003, 39 (10): SBH 2-1-SBH 2-9.

[31] Iverson R M. Landslide triggering by rain infiltration [J]. Water Resources Research, 2000, 36 (7): 1897-1910.

[32] Kampf M, Montenegro H. 1998. Inspection and Numerical Simulation of Flow Processes in Capillary Barrier Cover Systems.

[33] T L T Zhan, Weiguo Jiao[#], Linggang Kong, Yun-min Chen, Long-term performance of a capillary-barrier cover with unsaturated drainage layer in a humid climate, *Geo-Congress* 2014, 2014. 2. 23-2014. 2. 26, 1890-1899.

[34] Khire M V, Benson C H. Field Data from a Capillary Barrier and Model Predictions with UNSAT-H [J]. Journal of Geotechnical and Geoenvironmental Engineering, 1999, 125 (6): 518-527.

[35] Khire M, Benson C H, and Bosscher P. Capillary Barriers in Semi-Arid and Arid Climates: Design Variables and the Water Balance [J]. Journal of Geotechnical and Geoenvironmental Engineering, ASCE, 2000, 126 (8): 695-708.

[36] Khire M V, Benson C H, Bosscher P J. Water balance modeling of earthen final covers [J]. Journal of Geotechnical and Geoenvironmental Engineering. 1997, 123 (8): 744-754.

[37] Koerner R M, Soong T Y. Leachate in landfills: the stability issues [J]. Geotextiles and Geomem-

branes, 2000, 18 (2): 293-309.

[38] Zhan, Liang-Tong , Jiao, Wei-Guo , Wu, Tao, Chen, Ping Use of loess as final cover materials for MSW landfills in northwest China. 15th Asian Regional Conference on Soil Mechanics and Geotechnical Engineering, ARC 2015: New Innovations and Sustainability, 2015p 1966-1971.

[39] QIAN H J, LIN Z G. Loess and its engineering problems in China [C]. Proceedings of the International Conference on Engineering Problems of Regional Soils. Beijing: International Academic Publishers, 1988: 136-153.

[40] Morris C E, Stormont J C. Evaluation of Numerical Simulations of Capillary Barrier Field Tests [J]. Geotechnical and Geological Engineering, 1998, 16 (3): 201-213.

[41] Khire M, Benson C H, Bosscher P. Water Balance Modeling of Final Covers [J]. Journal of Geotechnical and Geoenvironmental Engineering, ASCE, 1997, 123 (8): 744-754.

[42] Qian X D, Koerner R M. and Gray D H. Geotechnical aspects of landfill design and construction [M]. Prentice-Hall, Inc, New Jersey, 2002.

[43] Scanlon B R, Christman M, Reedy R C, Porro I, Simunek J, and Flerchinger G N. Intercode comparisons for simulating water balance of surficial sediments in semiarid regions [J]. Water Resour. Res. , 2002b, 38 (12): 1323-1339.

[44] Simunek J, Sejna M, van Genuchten M Th, (1999). The HYDRUS-2D Software Package for Simulating Two-Dimensional Movement of Water, Heat, and Multiple Solutes in Variably-Saturated Media, Version 2. 0, US Salinity Laboratory, USDA, ARS, Riverside, CA, USA.

[45] Penman H L. 1948. Natural Evapotranspiration from Open Water, Bare Soil and Grass [J]. Proceedings of the Royal Society, London, Serial A, (1993): 120-145.

[46] Scanlon B R, Reedy R C, Keese K E, et al. Evaluation of evapotranspirative covers for waste containment in arid and semiarid regions in the southwestern USA [J]. Vadose Zone Journal, 2005, 4: 55-71.

[47] Van Genuchten M Th. A closed-form equation for predicting the hydraulic conductivity of unsaturated soils [J]. Soil Sci Am J, 1980, 44 (5): 892-898.

[48] Wilson G W. 1990. Soil Evaporative Fluxes for Geotechnical Engineering Problems. Ph. D. Thesis, University of Saskatchewan, Saskatoon, Canada.

[49] Zhan L T, Ng C W W. Analytical analysis of rainfall infiltration mechanism in unsaturated soils [J]. International Journal of Geomechanics, 2004, 4 (4): 273-284.

[50] T L T Zhan, Tao Wu, W G Jiao, et al. Field Measurements of Water Storage Capacity in a Loess/Gravel Capillary Barrier Cover Using Rainfall Simulation Tests [J]. *Canadian Geotechnical Journal*, 2016, 02 (4): 1356-1369.

[51] Srivastava R, Yeh T C J. Analytical solutions for one-dimensional, transient infiltration toward the water table in homogeneous and layered soils [J]. Water Resources Research, 1991, 27 (5): 753-762.

[52] Williams P J. 1982. The surface of the earth, an introduction to geotechnical science [M]. New York: Longman Inc.

[53] Zornberg J G, Lafountain L, Caldwell J A. Analysis and design of evapotranspirative cover for hazardous waste landfill [J]. Journal of Geotechnical and Geoenvironmental Engineering, 2003, 129 (5): 427-438.

[54] Wilson G W, Fredlund D G, Barbour S L. The effect of soil suction on evaporative fluxes from soil surfaces [J]. Canadian Geotechnical Journal, 1997, 34 (4): 145-155.

[55] 贾官伟. 固废堆场终场土质覆盖层中水分运移规律及调控方法研究 [D]. 杭州：浙江大学，2010.

[56] 党进谦，李靖，王力. 非饱和黄土水分特征曲线的研究 [J]. 西北农业大学学报，1997，25（3）：55-58.

[57] 焦卫国，詹良通，季永新，等. 黄土-碎石毛细阻滞覆盖层储水能力实测与分析 [J/OL] 岩土工程学报. http：//kns. cnki. net/KCMS/detail/32. 1124. TU. 20181228. 1050. 002. html（网络首发）

[58] 冯世进，李夕林，高丽亚. 不同降雨模式条件下填埋场封顶系统最大饱和深度 [J]. 岩土工程学报，2012，34（5）：924-931.

[59] 刘贤赵，康绍忠. 降雨入渗和产流问题研究的若干进展及评述 [J]. 水土保持通报，1999（19）：57-62.

[60] 来剑斌，王全九. 土壤水分特征曲线模型比较分析 [J]. 水土保持学报. 2003，17（1）：138-140.

[61] 雷胜友，唐文栋. 黄土在受力和湿陷过程中微结构变化的 CT 扫描分析 [J]. 岩石力学与工程学报，2004，23（24）：4166-4169.

[62] 刘奉银，张昭. 增湿路径对非饱和土水气渗透系数的影响研究 [J]. 水利学报，2008，39（8）：934-939.

[63] 刘奉银，张昭，周冬. 湿度和密度双变化条件下的非饱和黄土渗气渗水函数 [J]. 岩石力学与工程学报，2010，29（9）：1907-1914.

[64] 卢靖，程彬. 非饱和黄土土水特征曲线的研究 [J]. 岩土工程学报，2007，29（10）：1591-1592.

[65] 刘奉银，张昭，周冬，等. 密度和干湿循环对黄土土-水特征曲线的影响 [J]. 岩土力学，2011，32（S2）：0132-0138.

[66] 刘东生. 黄土与环境 [M]. 北京：科学出版社，1985.

[67] 陆海军，栾茂田，张金利. 垃圾填埋场传统封顶和 ET 封顶的比较研究 [J]. 岩土力学，2009b，30（2）：509-514.

[68] 栾茂田，李顺群，杨庆. 非饱和土的理论土水特征曲线 [J]. 岩土工程学报，2005，27（6）：611-615.

[69] 赵慧，刘川顺，王伟，等. 垃圾填埋场腾发覆盖系统控制渗滤效果的研究 [J]. 中国给水排水，2008，24（9）：86-89.

[70] 施雅风，沈永平，胡汝骥. 西北气候由暖干向暖湿转型的信号、影响和前景的初步探讨 [J]. 冰川冻土，2000，24（3）：219-226.

[71] 焦卫国，詹良通，季永新，等. 含非饱和导排层的毛细阻滞覆盖层长期性能分析 [J/OL]. 浙江大学学报（工学版），2019. [2019-03-08]. http：//kns. cnki. net/kcms/detail/33. 1245. t. 20190308. 0834. 002. html（网络首发）

[72] 王铁行，卢靖，张建锋. 考虑干密度影响的人工压实非饱和黄土渗透系数的试验研究 [J]. 岩石力学与工程学报，2006，25（11）：2364-2368.

[73] 邓林恒，詹良通，陈云敏，等. 含非饱和导排层的毛细阻滞型覆盖层性能模型试验研究 [J]. 岩土工程学报，2012，34（1）：75-80.

[74] 施建勇，钱学德，朱月兵. 垃圾填埋场土工合成材料的界面特性试验方法研究 [J]. 岩土工程学报，2010，32（5）：688-692.

[75] 王铁行，陆海红. 温度影响下的非饱和黄土水分迁移问题探讨 [J]. 岩土力学，2004，25（7）：1081-1084.

[76] 施雅风，沈永平，李栋梁，等. 中国西北部气候由暖干向暖湿转型的特征和趋势探讨［J］. 第四纪研究，2003，23（2）：152-164.

[77] 王澄海，王式功，杨德保，等. 西北春季降水的基本和异常特征［J］. 兰州大学学报：自然科学版，2001，37（3）：104-111.

[78] 王铁行，李宁，谢定义. 非饱和黄土重力势、基质势和温度势探讨［J］. 岩土工程学报，2004，26（5）：715-718.

[79] 王铁行，卢靖，岳彩坤. 考虑温度和密度影响的非饱和黄土土-水特征曲线研究［J］. 岩土力学，2008，29（1）：1-5.

[80] 张文杰. 城市生活垃圾填埋场中水分运移规律研究［D］. 杭州：浙江大学，2007.

[81] 焦卫国，季永新，等. 喀斯特地区锚杆静压桩法地基——基础托换加固工程案例技术分析［J］. 工程勘察，2018，46（10）：13-19.

[82] 张存杰，高学杰. 全球气候变暖对西北地区秋季降水的影响［J］. 冰川冻土，2003，25（2）：157-164.

[83] 王康，刘川顺，王富庆，等. 腾发覆盖垃圾填埋场覆盖层机理试验研究及结构分析［J］. 环境科学，2007，28（10）：2307-2314.

[84] 赵庆云，李栋梁，李耀辉. 西北地区降水时空特征分析［J］. 兰州大学学报：自然科学版，1999，35（4）：124-128.

[85] 张文杰. 填埋场腾发封顶系统中的水份运移分析［J］. 岩石力学与工程学报，2008，27（Supp. 2）：3367-3373.

[86] 赵彦旭，张虎元，吕擎峰，等. 压实黄土非饱和渗透系数试验研究［J］. 岩土力学，2010，31（6）：1809-1812.

[87] 中国气象局.（QX/T 152—2012）气候季节划分［S］. 北京：气象出版社，2012.

[88] 朱伟，程南军，陈学东，等. 浅谈非饱和渗流的几个基本问题［J］. 岩土工程学报，2006a，28（2）：235-240.

[89] 詹良通，焦卫国，孔令刚，等. 黄土作为西北地区填埋场土质覆盖层材料可行性及设计厚度分析［J］. 岩土力学，2014，12（3）：384-389.

[90] 焦卫国，詹良通，季永新，等. 非饱和导排层侧向导排作用模型实验验证与影响因素分析［J/OL］长江科学院院报. http：//kns. cnki. net/kcms/detail/42. 1171. tv. 20181205. 1046. 010. html.（网络首发）